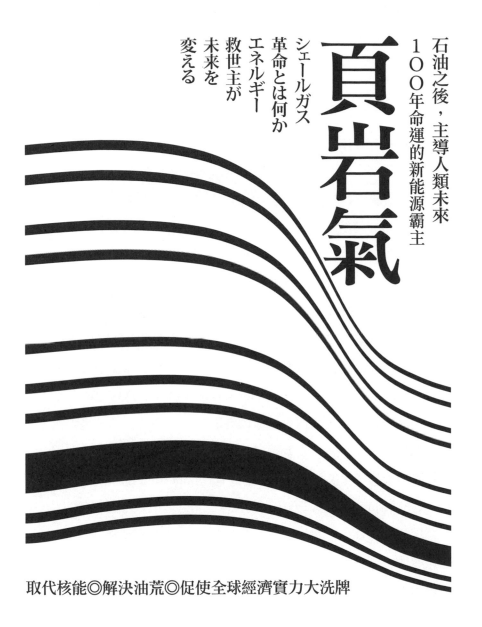

石油之後，主導人類未來
100年命運的新能源霸主

シェールガス
革命とは何か
エネルギー
救世主が
未来を
変える

頁岩氣

取代核能◎解決油荒◎促使全球經濟實力大洗牌

伊原 賢——著　莊雅琇——譯

黃武良│旅美石油專家，前台灣大學地質學系教授——專業審訂

前言

再過十年至二十年，便不再生產汽油汽車了——如果你聽到這句話，心想：「這怎麼可能？」請你務必讀這本書。

既然如此，「換成電動汽車不就好了嗎？」如果你這麼想，那麼，更需要讀這本書。

二〇一一年四月，美國眾議院提出「解決美國新替代交通燃料法案（New Alternative Transportation to Give America Solutions；簡稱 NAT-GAS 法案）」——是以天然氣為綠色替代能源的方案，目的在於推動市區車輛與長途運輸車隊採用替代性燃料，鼓勵加速天然氣汽車（Natural Gas Vehicle，NGV）的生產與使用。在此之前，美國總統歐巴馬針對國內燃料增產、擴大使用天然氣與生物燃料、以及改善汽車燃費等項目，於三月三十一日發表〈建構安全能源未來藍圖〉（Blueprint for a Secure Energy Future），計畫在二〇二五年之前減少三分之一的石油進口量。

這項以天然氣汽車取代汽油汽車的替代性燃料政策，是以美國掀起的頁岩氣革命做後盾，絕非不切實際，（不像某國）只會空談目標。目前美國貿易逆差泰半來自進口原油，但根據美國能源部（DOE）預測，美國進口能源占能源消費總量的比例，將從二〇一〇年的 22％下降至二〇三五年的 13％。

美國所掀起的頁岩氣革命已成事實，於此同時，美國的石油

進口量急遽減少，天然氣自給率也快速上升。再加上國內生產的天然氣價格，比同等熱量單位的進口石油價格便宜五分之一（二〇一二年六月），如此低廉的價格，自然會促使美國全境從石油社會大幅轉向天然氣社會。而這項趨勢可謂勢在必行，無法回頭了。

現階段可以說的是，堪稱日本國寶產業的汽車產業，如果在生產銷售上落後於美國國內的天然氣汽車，許多核心技術便有可能落在美國汽車製造業者手中。若是由美國汽車製造業者獨占天然氣引擎核心技術，日本汽車製造業者就會在美國市場中陷入苦戰。想當然耳，此舉將會引發全球化的競爭與衝擊。

汽車引擎使用天然氣燃料已成未來的重要趨勢，除此之外，船舶引擎與飛機噴射引擎也是如此。

舉例來說，日本、中國、韓國的船舶工業競爭相當激烈，然而，根據聯合國國際海事組織（IMO）的規定，自二〇一五年起，航行於北海、波羅的海等排放管制區域（Emission Control Area, ECA）內的船隻，其燃料中的含硫量不得超過 0.1％（編按：二〇一〇年的含硫量上限為 1.0％，自二〇一五年起調整為 0.1％）。這項措施使得船舶引擎燃料開始由柴油轉向天然氣。而飛機噴射引擎與火箭引擎燃料也同樣面臨轉換的考驗。

總而言之，由於美國在汽車、飛機、武器……等領域已建立一套天然氣相關技術的業界標準，想必美國會利用國內產量愈趨豐富的天然氣資源，重振天然氣產業。

美國現任總統巴拉克・歐巴馬（二〇〇九年～）的天然氣政策，好比前總統比爾・柯林頓（一九九三至二〇〇一年）時期的 IT 產業。如果說微軟（Microsoft）、蘋果（Apple）、谷歌（Google）是 IT 產業的龍頭，那麼天然氣產業的龍頭，會是哪個領域的哪一家企業呢？如今，尖端科技產業已不限於 IT 或通訊，天然氣也名列其中。在這關鍵時期，如果能通過考驗，便能在市場上搶得先機。

前文鋪陳甚多，不過，燃料從石油轉向天然氣，確實為美國帶來三項利多：

① 由於能源成本降低，且已建立天然氣相關技術的業界標準，可望為振興製造業鋪路。

② 可大幅改善貿易逆差，讓往來帳戶保持平衡。

③ 由於大幅減低對中東石油的依賴，中東在軍事上的影響力以及航道防衛的重要性也跟著下降，可降低安全保障的成本。

關於②，如前所述，美國貿易逆差泰半來自進口原油，但是二十五年後，貿易逆差可望削減 25％。

另一方面，基於日本國家利益的考量，③則潛藏極大問題。美國遠離歐洲已是眾所周知的事，難道不擔憂美國也退出中東嗎？一旦如此，情況便不是「汽車賣不出去的話……」那麼簡單了。

美國對中東石油的依賴程度頂多只有 10％，但是日本從中

東進口石油的比例，在二〇一〇年已超過 85％。反觀天然氣的比例，則是不到 22％（主要來自卡達、阿拉伯聯合大公國、阿曼三個國家）。

根據某位能源研究權威表示，由於美國與日本對中東石油的依賴程度相差甚鉅，在航道防衛方面，美國有可能與中國在太平洋和印度洋上分庭抗禮。對於仰賴美日同盟的日本來說，其中意義如何，相信不言而喻。

「既然如此，只要跟天然氣產量愈來愈多的美國進口天然氣就好了啊！」這種外行人的天真想法，事實上也是日本需要面對的另一項課題。原因在於美國將能源納入安全保障的一環，極為反對能源出口。因此，基於能源安全保障的觀點，原則上天然氣出口的對象僅限於簽署自由貿易協定（Free Trade Agreement, FTA）的國家。

上述提及的能源研究權威也推測，「美國或許願意出口液化天然氣（Liquefied Natural Gas, LNG），但是成為液化天然氣出口大國的可能性不高。」不知該說幸運或是不幸，日本想要進口液化天然氣還需要數年時間準備，也不至於在美國總統大選結束後，就得立刻和同樣與美國簽訂自由貿易協定的國家展開天然氣爭奪（搶購）戰。儘管如此，這種情形極有可能在幾年內發生，仍必須搶得先機（所幸日本綜合貿易公司正逐步穩固世界各地的天然氣權益）。

然而，重點在於美國的打算。難保有一天，美國的輿論與

議會均表示：「天然氣應該優先供應簽署自由貿易協定的會員國（中南美各國與韓國）。」屆時，日本大概只能以「我們是同盟國……」為理由來說服美國了，但是光憑這一點，足以說服美國嗎？

再加上日本是否加入跨太平洋夥伴協定（Trans-Pacific Partnership Agreement, TPP）的問題，使得出口型企業與農業之間處於僵持局面，在這樣的情況下，由美國進口液化天然氣的問題也有可能跟著搬上檯面。當問題日益尖銳化，便有可能掀起「要天然氣還是白米？」、「要能源還是糧食？」這類極端的議題，因此，必須儘早與全體國民達成共識，並與美國取得一致意見，這點無須贅言。我要再次強調，目前日本亟需正視能源不足的窘境，有關跨太平洋夥伴協定的爭議，也應該納入進口美國液化天然氣問題之內一併討論。

文章的最後，請容我自誇地說，我有自信，當讀者明白本書所寫的內容之後，應可在具備相關知識見解的前提下，探討今後的能源問題與產業趨勢。

若能藉本書略微提高各位讀者的見解，實屬萬幸。

伊原　賢

目　　錄

第 **1** 章 | 什麼是頁岩氣革命？

——美國開採現況

1.1 開採頁岩氣的背景與起源

　　為何時至今日，全世界均大力推動開採頁岩氣這類「非傳統石油與天然氣」？其背景因素即來自石油開採環境的轉變。由於易開採的傳統石油（easy oil or conventional oil）蘊藏量減少，使得原油價格進入危險高價區。在這樣的情況下，日本掌握將近 80％易開採傳統石油蘊藏量的國營石油企業（National Oil Company, NOC），不得不面對蘊藏量愈來愈少的事實，將開採目標從「傳統」轉至「非傳統」的石油與天然氣。

　　石油與天然氣，是由碳氫化合物所組成的，主要源自藻類與浮游生物等之腐泥物質或含高等植物類之木質素的「生油岩（source rock）」。

　　開採傳統天然氣時，只要在地下鑽孔，自然就會噴出地上。相較之下，非傳統天然氣則是以吸附或游離狀態殘留在岩石夾層中，其特徵便是開採不易。不過，近年來隨著開鑿技術進步，已擴大非傳統天然氣的產量。

　　圖 1-1 是 J.A. Master 在一九七九年提出的「天然氣資源量三角構造圖」。根據圖示，非傳統天然氣資源主要有三種，分別是緻密地層天然氣（tight-gas）、煤層氣（Coalbed Methane Gas, CBM）以及頁岩氣。儘管它的資源量比傳統天然氣豐富，但是賦存環境卻比傳統天然氣惡劣，因此必須具備先進的技術，同時天

圖 1-1　　天然氣資源量三角構造圖

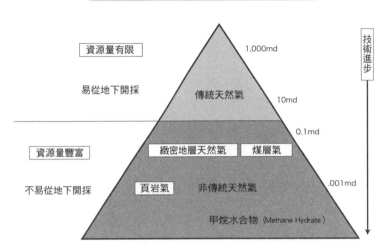

（單位）1md（毫達西）=9.87x10^{-16}m^2 ※「滲透率」的單位（指天然氣在岩石中的通過速率）
（出處）參考 SPE 103356 論文內容。

圖 1-2　　非傳統天然氣資源的賦存環境（美國恰塔努加沉積盆地）

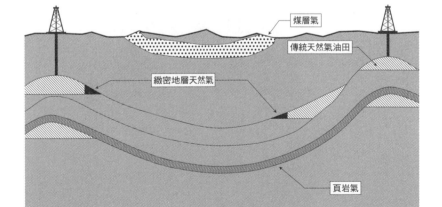

（出處）參考美國地質調查局（USGS）資料。

然氣價格在一定水準以上，才可能量產。

　　此外，橫跨美國田納西州與阿拉巴馬州的恰塔努加（Chattanooga）沉積盆地，如圖 1-2 所示，已經證實蘊藏「三大非傳統天然氣」。

　　其中頁岩氣就殘留在地下 100 至 2,600 公尺的堅硬薄片狀、且易剝離的頁岩（Shale，照片 1-1）中。地溫上升時，頁岩中的有機物質會產生天然氣，再加上水的滲透與細菌作用的關係，將天然氣封存於奈米（$10^{-18}m^2$）級的岩石細縫中。由於儲集層裡有足夠的熱能，因此頁岩中的天然氣主要是乾性天然氣（dry gas），其特徵是雜質含量極少，甚少含有液體石油成分。

　　如前所述，傳統天然氣只要在地下鑽孔，自然就會噴出地表。

照片 1-1　　殘留於頁岩（Shale）中的頁岩氣

（出處）自由的百科全書「維基百科（Wikipedia）」。

表 1-1　什麼是頁岩氣？（Q&A）

問題 1.	頁岩氣是什麼樣的天然氣？其性質、特徵為何？與液化天然氣有何不同？
	・ 主要成分中，90%以上是甲烷的天然氣。
	・ 日本進口的液化天然氣是以含有少量乙烷、丙烷的高熱值液化天然氣（＞1.085BTU／cf）為主流。而頁岩氣則屬於低熱值。
問題 2.	**頁岩氣以何種形式存在哪裡？有顏色嗎？**
	・ 頁岩氣殘留在地下 100 ～ 2,600m 的堅硬薄片狀、且易剝離的頁岩（Shale）中，屬於泥岩的一種。深埋在地底下的頁岩受到壓密作用，使生成石油與天然氣的原始物質經由熱分解產生天然氣，封存在岩石中的細小裂縫（天然氣的滲透率若是 $10^{-18}m^2$，便無法直接取出）。進入二〇〇〇年代，相繼研發出開採天然氣的新技術（水平鑽井、水力壓裂、微震監測），以高壓的壓裂液（500 ～ 1,000 氣壓）在岩石中製造人工裂縫，藉此釋出天然氣。使用水力壓裂技術時，一座井坑會需要大量水（3,000 ～ 10,000m³），因此確保水源與井坑排水問題成為這項技術的重要課題。
	・ 天然氣是無色的。
問題 3.	**頁岩氣蘊藏在世界上哪些國家的什麼地方？**
	・ 全球資源量約 16,000Tcf，從地下開採出來的 20% 蘊藏量已達到 3,200 Tcf。北美洲的資源量約 3,800 Tcf，其中美國的蘊藏量在 500 Tcf 以上，加拿大也已開始生產。中國與歐洲尚在評估商業化量產的可行性。
	・ 二〇〇九年，全球天然氣剩餘蘊藏量經確認為 6,400 Tcf（美國為 240 Tcf）。
問題 4.	**美國為何在近年來大力開採頁岩氣？產量多少？**
	・ 由於美國易採的傳統天然氣蘊藏量減少，進口自加拿大的天然氣也銳減。儘管考慮進口液化天然氣，但是目標轉向國內資源量豐富的頁岩氣。
	・ 開採技術相關知識成長快速，天然氣價格低廉。
	・ 二〇〇八年，全球天然氣消耗量為 106 Tcf（美國 23 Tcf、日本 3.3 Tcf）。美國頁岩氣產量為 1.7 Tcf（達日本消耗量半數以上）。
	・ 此項技術革新也稱為「美國的頁岩氣革命」。美國的非傳統天然氣產量超過天然氣總產量的 50%。美國的天然氣產量（二〇一一年達到 23 Tcf），直追俄羅斯（23.6 Tcf），高居世界第二。
問題 5.	**美國的頁岩氣革命對世界的影響？日本的情形如何？**
	・ 相同熱值的化石燃料中，天然氣的二氧化碳排放量相對較少（煤炭 10：石油 8：天然氣 6），因此市場對增加天然氣供應量寄予厚望。
	・ 一旦提高天然氣供應量，有助穩定天然氣價格。
	・ 日本的地質年代並不久遠，對頁岩氣的商業化量產期待不高。

（單位）BTU=0.252kcal，cf= 立方呎 =0.0283m³，Tcf= 兆立方呎 =283 億 m³。

（出處）轉載自〈頁岩氣的衝擊〉（《石油・天然氣評論》JOGMEC，二〇一〇年五月號，伊原賢著）。

但是非傳統天然氣則是以吸附或游離狀態殘留在岩石中，氣體難以流出，不容易從地下開採。

由此可知，頁岩氣相較於傳統天然氣資源，也是極難開採的。但是進入二〇〇〇年代，美國在水平鑽井（Horizontal Drilling）與水力壓裂（Hydraulic Fracturing）這兩項開採技術上有了突破性進展。也就是將 500 至 1,000 氣壓的壓裂液打進頁岩，製造約 $10^{-14} m^2$ 以上的裂縫，釋出岩石中的天然氣。美國透過這項先進技術，使頁岩氣得以進入商業化量產的階段。到了二〇〇八年，包括頁岩氣在內的非傳統天然氣產量，已超過美國天然氣總產量的 50％，天然氣產量直追俄羅斯，高居世界第二。這就是所謂的「頁岩氣革命」。

有關頁岩氣的性質、特徵以及對市場的影響，概略整理如表 1-1。雖然日本對頁岩氣的商業化量產期待並不高，仍然有必要在二〇一三年繼續在秋田縣進行開採實驗計畫。

由此可知，頁岩氣在近年來已對全球能源市場造成極大衝擊，一舉成為次世代新能源。

1.2 改變能源市場的頁岩氣

地位舉足輕重的頁岩氣

美國目前正不斷擴大頁岩氣的產量。二〇〇〇年的日產量

為 12 億立方呎（3,400 萬 m³），儘管非傳統天然氣只占天然氣總產量的 2％，但是二〇〇八年已成長到 8％，日產量達到 47 億立方呎（1 億 3,300 萬 m³）；二〇一〇年的日產量甚至快速增加到 137 億立方呎（3 億 8,400 萬 m³）。包括傳統天然氣在內，如今美國的天然氣總產量已擴大到 20％以上。根據美國能源部預測，今後頁岩氣的產量也會繼續攀升（圖 1-3）。

從天然氣市場供需的觀點來看，包括頁岩氣在內的非傳統天然氣，其重要性只會有增無減。美國在二〇〇八年的非傳統天然氣供應量為 10.3 兆立方呎（2,900 億 m³），已超過總產量的 50％，大大緩解了國內對於天然氣的需求。對於提高頁岩氣產量以及阿拉斯加的天然氣產量（預計在二〇三五年達到 6 兆立方呎〔1,700 億 m³〕＋ 1.87 兆立方呎〔530 億 m³〕）更是寄予厚望（圖 1-4）。

擴大供應量的結果，自然會降低天然氣的價格。二〇〇九年，劍橋能源諮詢公司（IHS CERA）、PIRA 能源集團（PIRA Energy Group）、全球最大能源顧問公司伍德麥肯茲（Wood Mackenzie），以及美國能源部等專門機構均預測，美國的天然氣價格有可能在二〇三〇年之前達到 4 至 8 美元／百萬 BTU（英制熱量單位）區間。若是以熱值換算非傳統天然氣的開採成本，如今已與開採傳統天然氣的價格（2 至 5 美元／百萬 BTU）所差無幾，生產效益提高不少（百萬 BTU＝1.055MJ＝25.2 萬 kcal）。

圖 1-3 　　美國非傳統天然氣產量預測圖

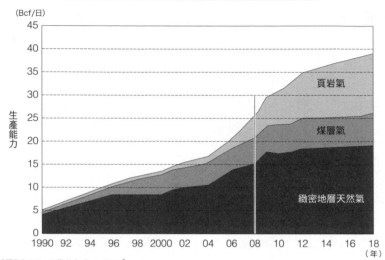

（單位）Bcf=10 億立方呎 =2,830m³。
（出處）美國能源部（DOE）報告〈Shale gas primer 2009〉

圖 1-4 　　美國各類天然氣供應實績與預測

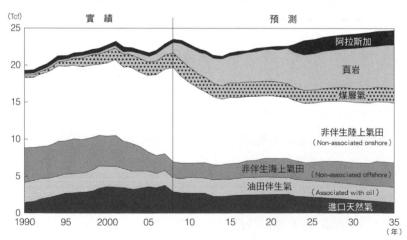

（單位）Tcf= 兆立方呎 =283 億 m³。
（出處）美國能源資訊局（EIA）。

　　此外，由於非傳統天然氣的產量提高，使得美國天然氣市場供應過剩，及至二〇一二年六月為止，天然氣價格已下跌到 2 美元／百萬 BTU。

美國天然氣市場供需環境的變化

　　過去認為開採不易的頁岩氣，如今由於開採技術的進步，這類「非傳統」天然氣已能達到商業化量產的規模。美國的天然氣總產量也因此大增，自二〇〇五年以來年成長率為 4％（圖 1-5）。

　　美國的天然氣確認蘊藏量在二〇〇八年底達到 240 兆立方呎（6.8 兆 m^3）。換言之，自二〇〇〇年以後，八年間約成長了50％。尤其是二〇〇五年以後的三年期間，急遽增加了兩成以上（40 兆立方呎 =1 兆 1,330 萬 m^3），相當接近七〇年代確認蘊藏量的頂峰。

　　頁岩氣產量遽增，算是從正面角度推翻了有關單位與相關人士的預測。根據美國能源資訊局在二〇〇四年的預測，美國對天然氣的需求會在二〇〇三年以後大增，但是國內天然氣的產量不敷市場需求，必須擴大進口液化天然氣。因此該局推測，美國在二〇二五年的天然氣消耗量，28％是從國外進口液化天然氣，以及透過天然氣管線輸送來因應。

　　然而，美國能源資訊局在二〇一〇年公布的需求預測顯示，二〇〇八年底占消耗量 13％的天然氣進口量，到了二〇三五年底已下修至 6％。

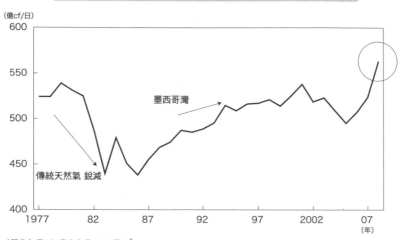

圖 1-5　　美國天然氣產量變遷圖（1977 ～ 2008）

（單位）億 cf= 億立方呎 =283 萬 m³。
（出處）美國能源部（DOE）。

　　另一方面，液化天然氣進口量的統計數字也明確反映出這項事實。二○○八年，美國液化天然氣接收站的接收量還不到儲槽容量的 10％。這項數字顯示，由於美國國內非傳統天然氣的供應行情加溫，因此液化天然氣接收量如果超出 10％，市場上便呈現過剩的情形。

　　液化天然氣供需環境的變化，也影響到美國以外的國家。當美國進口的需求不再，液化天然氣的現貨價格遠比過去六個月根據指標油價（Brent）調價的天然氣價格還低，使得液化天然氣以低廉的現貨價格流入歐洲市場。在這樣的情況下，歐洲的天然氣進口業者勢必會根據目前的指標油價，進一步檢討簽署天然氣長期購買合約的可行性。

圖 1-6　　以熱值換算的美國天然氣價格，自二〇〇五年起不再與原油連動

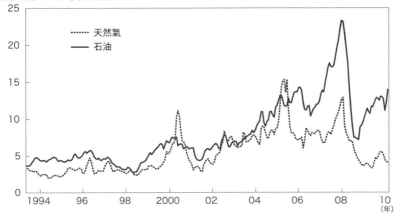

（美元／百萬BTU，以二〇〇八年為基準）

（單位）百萬 BTU=25.2 萬 kcal，1 桶原油熱值換算 =6 百萬 BTU。
（出處）美國能源資訊局（EIA），NYMEX。

　　此外，受到美國非傳統天然氣產量遽增、液化天然氣進口量遞減的影響，自二〇〇五年起，以熱值換算的天然氣價格便不再與原油連動。美國的天然氣期貨市場也因此從頂峰一口氣滑落，從二〇〇八年七月的 13.69 美元／百萬 BTU，下跌到二〇〇九年九月的 2.40 美元／百萬 BTU（圖 1-6）。再加上二〇〇八年的雷曼衝擊（Lehman shock）等因素，全球經濟不景氣也使得市場對天然氣的需求減少，加速天然氣價格滑落。

美國能源市場結構變革

　　美國投入頁岩氣探勘的起步較早，成功開採的結果，不僅大幅提高天然氣的供應量，也改變了能源市場對未來的展望。

　　根據美國能源資訊局在二〇一一年四月時所做的推測顯示，頁岩氣在地下的資源量，亦即「原始埋藏量」為 25,300 萬兆立方呎（717 兆 m^3）；認為可運用既有技術開採的蘊藏量，也就是「技術上可採蘊藏量（符合市場經濟效益的「確定可採蘊藏量」〔Proved Recoverable Reserves〕會更少）」為 6,622 兆立方呎（188 兆 m^3）。另一方面，全球傳統天然氣在二〇〇九年底的確定可採蘊藏量約 6,600 兆立方呎（181 兆 m^3），而天然氣在二〇〇八年的年消耗量則是 106 兆立方呎（3 兆 m^3）。相較之下，應該不難理解頁岩氣的蘊藏量究竟有多麼龐大。

　　事實上，過去是由美國的中堅企業主導開發「沉睡資源」的工作。石油巨擘英國 BP 與美國埃克森美孚（Exxon Mobil Corp.）在二〇〇八年的天然氣產量並未超過前年，反觀美國的中堅石油企業切薩皮克能源公司（Chesapeake Energy）、阿納達科石油公司（Anadarko Petroleum）以及克洛斯提柏能源公司（XTO Energy Inc.）的天然氣產量，均比前年成長兩位數。

　　由此可知，開採頁岩氣與否，在數字上即反映出如此大的差距。石油巨擘們自然不會袖手旁觀，也相繼投入開採頁岩氣。二〇〇九年底，埃克森美孚以四兆日圓併購克洛斯提柏能源公司，震驚了石油業界。一般認為，此舉是為了將美國開採頁岩氣的技術經驗應用在歐洲其他的新興事業上。另一方面，美國天然氣大廠德文能源公司（Devon Energy Corp.）宣布將轉投資於開發美國境內的頁岩氣，因此以十三億美元出售墨西哥灣深海區的優質油

田，包括「Cascade 油田、Jack 油田與 St. Malo 油田」（可採蘊藏量 3 億至 9 億桶），使能源發展轉向頁岩氣的形勢愈來愈鮮明。

　　這股非傳統天然氣的開發熱潮也影響了美國以外的其他國家，相信未來會延燒至加拿大、歐洲、中國等國。在這波風潮下，全球非傳統天然氣的生產規模若是換算成同熱值的石油，二〇〇八年的每天產量已達到四百多萬桶，與液化天然氣的市場規模在相抗衡的情況下持續增加產量（圖 1-7）。

　　頁岩氣開發事業的經濟效益之高備受矚目。與液化天然氣相比，從生產初期到取得收益的期間相當短，且好處是容易根據市場需求動向調整產量。儘管一座天然氣井的產量並不多，但是在頁岩氣礦床開鑿數千座採掘井的話，即可望大幅提升產量。

圖 1-7　　全球非傳統天然氣的生產規模與液化天然氣市場相抗衡

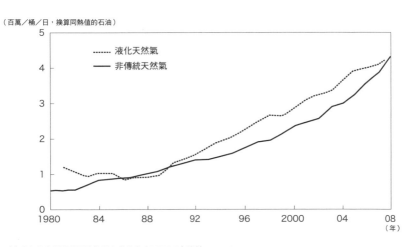

（出處）參考美國能源政策研究基金會（EPRINC）資料。

除了來自政治因素的助力，如今頁岩氣已成了開發風險較低的資源，對企業家來說，這是一項十分具有吸引力的商業模式。由於需要鉅額資金投入開發，因此最重要的是尋找強大的資金奧援。而日本的貿易公司也注意到頁岩氣的需求日益增加，二〇〇九年底開始與海外石油企業合作開發事業。

隨著頁岩氣開發的速度加快，或許在不久的將來，頁岩氣不會再被視作「非傳統」天然氣了。過去已有先例，美國在開發非傳統緻密地層天然氣的時期甚早，因此在二〇〇九年底的天然氣統計分類上，便將它列入「傳統天然氣」之中。這意味著緻密地層天然氣的產量增加，再也不能算是開採困難的「非傳統天然氣」。同時，也證明它足以和傳統天然氣在相同的條件下展開競爭。如今頁岩氣也和緻密地層天然氣一樣，能運用技術開採量產，有朝一日，也會被當作「傳統」的天然氣資源吧。

由於水平鑽井與水力壓裂等技術以驚人的速度成長，使人們得以開採沉睡於地球中的龐大天然氣資源。初步估計，尚未開發的非傳統天然氣「技術上可採蘊藏量」為 230.3 兆 m^3，至少占未開發的傳統天然氣（404.4 兆 m^3）約 60%（圖 1-8）。

圖 1-8 的數據資料，可視作全球最近天然氣剩餘確定可採蘊藏量（181.2 兆 m^3）的外數 [1]。

1）外數：某個統計量中，主要部分的數值與特別部分的數值並列時，後者就是前者的「外數」。

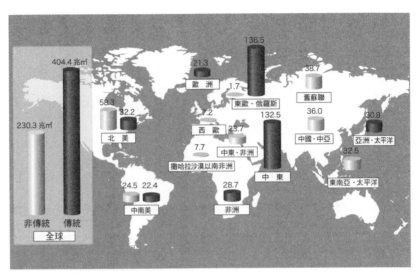

圖 1-8　全球天然氣資源分布圖（技術上可採蘊藏量）

（注）假設非傳統天然氣的原始埋藏量採收率為 25%，以此計算。
（出處）日本石油天然氣和金屬礦產公司（JOGMEC）參考 IEA, *World Energy Outlook 2009* 等資料繪製。

　　不過，前提是基於經濟效益原則投入市場的「確定剩餘可採蘊藏量」，其市場價格必須反映出包括輸送設備在內的「生產成本」。

　　因此，把市場上的天然氣價格變動考慮在內，並假設可在符合經濟效益的情況下開採出「技術上可採蘊藏量」的一半，以此估算全球天然氣可採年數的話，其中傳統天然氣的「確定剩餘可採蘊藏量」為六十年，再加上圖 1-8 計算出來的數據（〔404.4 ＋ 230.3〕×0.5÷3 ＝ 105.8 年），可以肯定全球天然氣至少可開採一百六十年以上。

　　非傳統天然氣的普及，將為全球天然氣市場結構帶來重大變革。液化天然氣與天然氣管線輸送，都是依據石油價格來決定長期購買合約的價格，然而如前所述，受到美國頁岩氣擴大生產的影響，造成歐洲的天然氣市場交易現貨價格大跌，與長期購買合約的價格相去甚遠，因此，德國等天然氣消費大戶的國家均要求廢止以石油價格為計價指標。

今後全球天然氣市場的五大變化

　　今後全球的天然氣市場，預估會從根本產生下列幾項變化。首先是第一項，歐洲透過輸送管線自俄羅斯天然氣公司（Gazprom）進口的數量會減少。當能源巨頭俄羅斯天然氣公司的影響力不再，便需要另一個長期指標。儘管東亞要求廢止以石油價格為計價指標的聲浪並不大，然而一旦歐洲的能源市場生變，必定會帶來極大的影響。另一方面，日本的核能發電廠在東日本大地震後停止運轉，使得火力發電用的液化天然氣進口量遽增。但是，由於液化天然氣的進口價格是以石油價格為計價指標，因此日本是以高出市價許多的昂貴價格購買，這種情形也引發不少質疑。

　　第二項變化，俄羅斯與中亞的重要性降低。

　　針對液化天然氣與其他天然氣的現貨價格，歐洲將以德國等國為中心，產生要求廢止以石油為計價指標的結構性問題。由於美國的石油期貨幾乎沒有反映出供需平衡的情形，因此液化天然

氣、其他天然氣的現貨價格與石油價格相去甚遠的問題，未來極有可能長期持續下去。如此一來，以石油價格為計價指標的合理性已失去大半，頁岩氣革命若是延燒到歐洲，俄羅斯與中亞的重要性降低將成定局（圖 1-9）。

第三項變化，隨著全球液化天然氣供應量增加，愈來愈多交易量只維持長期購買合約 [2] 的最低購買量，尤其是因應夏季高峰期而購入儲備天然氣時，會轉向購買低成本的液化天然氣現貨。

第四項變化，由於頁岩氣革命的影響，美國國內的天然氣預

圖 1-9　　歐洲大陸的天然氣市場現況

決定天然氣價格的依據：一種是根據市場決定的石油現貨價格（例：美國Henry Hub天然氣價格、EEX價格），另一種是根據長期購買合約的石油製品價格（輕油〔light fuel〕＋重油〔heavy fuel〕），

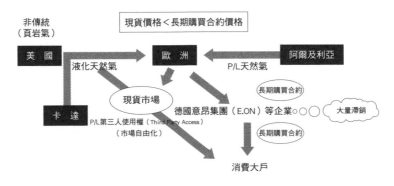

（注）EEX：歐洲能源交易所（European Energy Exchange）。
（出處）日本石油天然氣和金屬礦產公司（JOGMEC）石油調查部。

2）長期購買合約：也稱作長期不提照付（Take-or-pay contract）合約。意思是指買方的購買量因故沒有達到契約所定的數量，仍有義務支付賣方近乎全額的金額。

估產量產生極大變化，今後頁岩氣或許會以加拿大、歐洲、中國為中心，普及於全世界。

第五項變化，天然氣的全球市場將趨向飽和，不再與原油價格連動，因此天然氣價格很有可能會受到壓力而降價。但是，目前東亞（日本、韓國、台灣）仍然是以液化天然氣的形式儲備，不僅降價的徵兆並不明顯，反而會因為最近的原油價格上揚，面臨漲價的壓力。想要讓天然氣價格迫於形勢壓力而降價，就得透過大規模的合購、或是積極爭取海外的天然氣權益等方式。

如以上所述，進入二十一世紀後，天然氣的供應能力因為頁岩氣的開採而擴大，掀起了一場名副其實的能源「革命」，為全球帶來高度衝擊與結構性的變革。未來應該提高警覺的，固然是大規模開採對環境造成的影響，但是另一方面，新興國家因為經濟急速成長，對能源物資等方面的需求不減反增，為緩解全球能源不足的問題，頁岩氣即成了眾所期待的救星。

1.3 頁岩氣實現實用化的開採技術

相較於傳統天然氣，頁岩氣的儲集層屬於非均質性，儲存天然氣的形式較為複雜。儘管地質條件複雜，現在依然能利用水平鑽井（Horizontal Drilling），以及在岩層上製造人工裂縫的水力壓裂（圖 1-10）成功開採頁岩氣。這一節將簡單為各位介紹頁岩

氣實現實用化的開採技術。

　　水力壓裂技術，是在蘊含石油與天然氣的地層上方施壓造成人工裂縫，讓岩石中的石油與天然氣比較容易流出來。接著把含有水、酸液、化學添加劑的高黏壓裂液壓入地層的裂縫中，再將砂狀物質（支撐劑）混入高黏壓裂液裡壓入並支撐裂縫，使裂縫在壓力移除後仍然不會封閉。

　　美國在頁岩氣開採初期，由於無法預期能有多少天然氣產量，因此主要是由中堅企業主導開發事業。一座頁岩氣井的日產

圖 1-10　　水力壓裂（Hydraulic Fracturing）

在儲集層內部製造、延展人工裂縫，確保流體的流路。

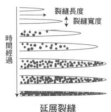

延展裂縫

高黏壓裂液　　　　　　　　　　　支撐劑

將高黏壓裂液壓入穿孔，壓裂儲集層的岩石產生裂縫通道。
繼續注入高黏壓裂液，延展裂縫的長度與寬度。
將砂狀物質支撐劑慢慢混入高黏壓裂液，壓入裂縫中形成半永久性裂縫。
慢慢提高支撐劑的濃度。
規定量的支撐劑注入完畢後，停止運作高壓泵。
壓入裂縫中的高黏壓裂液經過加熱分解滲透到儲集層後，會使人工裂縫慢慢封閉。
注入支撐劑的目的在於支撐裂縫，防止裂縫完全封閉，確保天然氣的流路。貯藏在儲集層孔隙間的天然氣，會透過裂縫流向井筒，確保經濟上的生產量。

（出處）石油技術協會資料。

圖 1-11　　同一個坑口位置會出現好幾個水平井

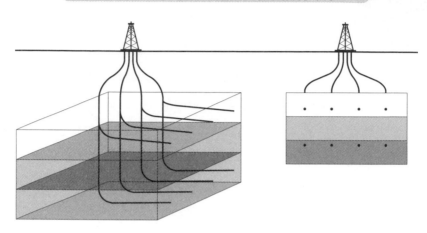

（出處）加拿大國家能源局（National Energy Board）。

量與傳統天然氣相差一個位數，為了確保生產量，便需要更多採掘井，因此同一個坑口位置會出現好幾個水平井（圖 1-11）。

　　沿著封存石油或天然氣的岩層開鑿採掘井時，水平部分的採掘井稱為「水平井」（Horizontal Well）。相較於一般的垂直井、傾斜井，水平井能擴大與岩石的接觸體積，使一個採掘井的產量增加數倍，可說是提高石油或天然氣地下開採回收率的萬靈丹。

　　水平部分的長度超過 2 公里，適用於水平井或多段水力壓裂技術（圖 1-12）。

　　另一方面，利用水力壓裂技術製造的裂縫如果不在儲集層繼續擴展，而是上下延伸破壞蓋岩（cap rock），連接到其他儲集層或含水層時，回收天然氣之際就會產生問題。這時所採用的裂

縫監測技術稱為微震（microseismic）（圖 1-13）。

　　這種技術可用來監測製造裂縫時所產生的地震波（Ｐ波／縱波、Ｓ波／橫波）到達監測井的時間差，藉此估計裂縫的延展狀況，提供回收天然氣所需的數據資料，以達到最高回收率。儘管需要嚴謹的作業流程才能運用這項高科技，不過自二〇〇〇年以後，實際應用案例已超過六千件。

　　然而，即使掌握了水力壓裂、水平鑽井、微震監測等三項技術，也不一定能成功開採頁岩氣。除了上述的要素之外，還必須學習「技術循環」，才能在符合經濟效益下開採地下的頁岩氣。首先從地層密度井測[3] 資料分析頁岩中的礦物成分（碳酸鹽、黃鐵礦、黏土、石英、總有機碳〔Total Organic Carbon, ＴＯＣ〕），推測頁岩的滲透率與頁岩中的天然氣含量。接著依據地電阻影像（Electrical Imaging）與聲波（Sonic）井測資料，將裂縫分成儲集岩原有裂縫與人工開鑿裂縫兩大類，從中尋找頁岩裡滲透率最高的地方，實施穿孔與水力壓裂的工程。再加上運用水平鑽孔或傾斜鑽孔、隨鑽井測（Measurement While Drilling [4]）、伽瑪射線井測、旋轉導向系統（Rotary Steerable System）等開鑿與井測

3）井測：針對地質進行持續的深度探勘，藉此了解鑽井過程中以及鑽井結束後的井坑在地下的地質狀況、井坑特性等化學及物理方面的各項資訊。

4）隨井鑽測：Measurement While Drilling。將鑽井過程中的坑底資訊傳至地表的方法。可即時掌握坑底資訊，有助於進行安全有效率的鑽井工程。主要應用在開啟傾斜鑽孔工程時，由於其他測量儀器相繼開發，如今也廣泛應用在各項工程上。

圖 1-12　　水平井與多階段水力壓裂技術

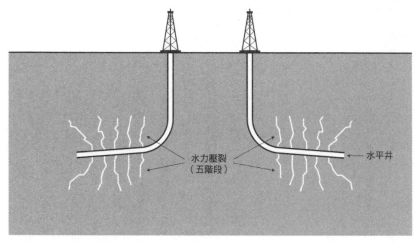

（出處）參考 SPE 107053 論文內容。

圖 1-13　　在監測井監測微震 (Microseismic) 所產生的地震波

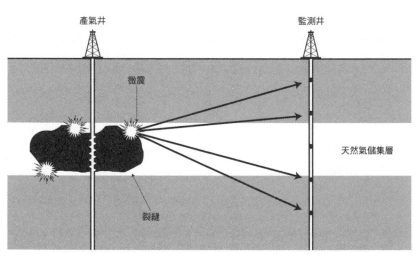

（出處）ICEP。

技術，可具體掌握儲集岩的特性，模擬流體的動向。以上這些技術都屬於井激勵（well stimulation）的方法，用來增加產量與可採蘊藏量。由此可知，理解與實踐「技術循環」的重要性（圖1-14）。

　　由熟悉技術循環的技術人員來規畫開採流程，可提高作業效率，也能使井坑的初期日產量轉虧為盈，並降低生產成本。由於技術上的風險已減輕不少，因此美國開始將資金集中投資於頁岩氣的開採。未來在技術方面如果能夠進一步發展，並且維持穩定的天然氣價格，不只是美國，全球都會在這樣的前提條件下致力於開發頁岩氣。

圖 1-14　　適用於開採頁岩氣的技術循環

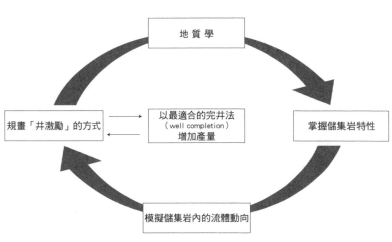

（出處）參考全球最大石油服務業者史倫柏格公司（Schlumberger）資料。

1.4 開發重點加速轉向頁岩氣

巴奈特地區成功開採頁岩氣

美國展開頁岩氣革命的契機，來自德州的巴奈特（Barnett）礦區成功開採頁岩氣。可以說，巴奈特礦區讓產量急增的技術，全面帶動美國迅速擴大頁岩氣礦區的範圍（表 1-2）。

巴奈特礦區採用的是多階段水力壓裂技術（圖 1-15），由於這項技術革新，得以開採出深藏於頁岩氣儲集層中的龐大天然氣資源。

開採過程中，為了不讓相鄰的裂縫在岩石中封閉，於是採用 SRV（Stimulated Reservoir Volume：圖 1-16）的概念，透過增加水力壓裂段數的方式，將天然氣的流路擴大到最大程度。而這也是產量增加的原因。

頁岩氣的開採配合各項技術革新，如表 1-3 所示，在天然氣市場、基礎設施、供應鏈、稅金等方面也逐漸建立起關鍵的商業配套措施。

受到巴奈特礦區成功開採的影響，美國國內以中堅企業為中心，紛紛加速開採其他地區的頁岩氣。二〇〇五年與二〇〇六年，分別在堪薩斯州的費耶特維爾（Fayetteville）、東北部的馬賽勒斯（Marcellus）等地相繼發現頁岩氣礦區。二〇〇七年，切薩皮克能源公司在路易西安納州的海恩斯維爾（Haynesville）嘗試開

採頁岩氣，獲得超出預期的結果。至此，新能源頁岩氣的資源潛力已毋庸置疑，美國也正式展開研究，掌握頁岩氣的賦存狀態（圖 1-17、表 1-4）。

北美的頁岩氣分布範圍極廣，蘊藏量預估超過 500 兆立方呎（14 兆 m^3），相當值得期待。二〇〇九年底全球天然氣的確定

表 1-2　　確認頁岩氣新礦區

巴奈特（Barnett）礦區成功開採頁岩氣，發展大有斬獲（二〇〇二～二〇〇八年）

● 二〇〇二年的產量為0.2Bcf／d，二〇〇八年增加到3.7 Bcf／d。
● 產氣井共10,539座，二〇〇八年一年開鑿數量約3,000座。
● 使用水平鑽井、水力壓裂、微震監測等技術。
● 技術方面以德文能源公司（Devon Energy Corp.）獨占鰲頭。
● 開發業者數：229間公司。
● 產量最多者：德文能源公司（Devon Energy Corp.）、克洛斯提柏能源公司（XTO Energy Inc.）、切薩皮克能源公司（Chesapeake Energy）、依歐格資源公司（EOG Resources）、加拿大能源公司（EnCana）

■ 同時在各地進行探勘，相繼確認頁岩氣新礦區。
■ 美國四大頁岩氣礦區：巴奈特（Barnett）、費耶特維爾（Fayetteville）、海恩斯維爾（Haynesville）、馬賽勒斯（Marcellus）。加拿大礦區位在卑詩省（BC）霍恩河盆地（Horn River Basin）的Muskwa。
■ 以切薩皮克能源公司、克洛斯提柏能源公司、加拿大能源公司等中堅企業為主。
■ 頁岩氣探勘開發成本（二〇〇八年）：切薩皮克能源公司2美元／百萬BTU、克洛斯提柏能源公司1.1～1.6美元／百萬BTU、西南能源公司（Southwestern）1.2美元／百萬BTU（＋生產成本1～2美元／百萬BTU）→因開發技術適用程度而異。

（單位）Bcf／d＝10 億立方呎／日。
（出處）參考各項資料。

圖 1-15　　巴奈特頁岩氣礦區水力壓裂段數增加示意圖

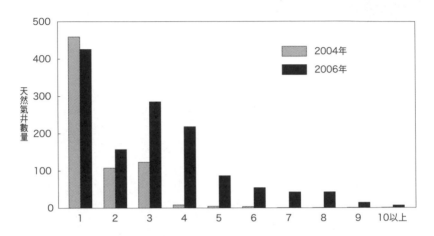

（出處）參考世界石油工程師協會（SPE）資料。

圖 1-16　　SRV 示意圖。

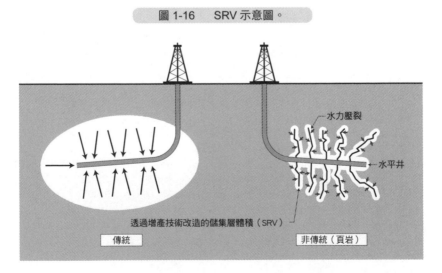

（出處）伊原賢製作。

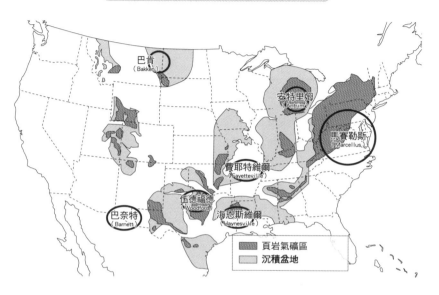

圖 1-17　美國頁岩氣潛力礦區。

（出處）美國能源資訊局（EIA）。

剩餘可採蘊藏量為 6,400 兆立方呎（181 兆 m³），其中美國便占
了 240 兆立方呎（6 兆 8,000 萬 m³），可見美國境內的頁岩氣蘊
藏量有多麼龐大。這樣的結果，使得美國的天然氣產量排行榜上，
形成石油巨擘英國 BP 與從事頁岩氣開發的中堅企業各據山頭的
局面，在在顯示了頁岩氣革命所帶來的影響（表 1-5）。

　　頁岩氣要實現商業化量產的規模，最重要的便是解決供給
成本的問題。如圖 1-18 所示，馬賽勒斯與巴奈特核心（Barnett
Core），以及海恩斯維爾等地的頁岩氣供給成本為 3 至 4 美元／
mcf（17 至 22 美元／ boe）（mcf ＝ 1,000 立方呎＝ 28.3m³，boe

表 1-3　開採巴奈特頁岩氣的九項關鍵商業配套措施

天然氣市場	供需良好。（美國德州東部的 Carthage hub）天然氣價格經由 Houston Ship Channel 運往 Henry Hub 約減少 5～10％。隨著供應能力提升（8.6Bcfd），與 Henry Hub 的價格差距縮小約 0.1～0.2 美元／mcf。
基礎設施	大企業如德文能源公司（Devon Energy Corp.），擁有長達 5,000km 的輸送管線與天然氣處理設備。中小型企業須付給大企業輸送關稅，將生產的天然氣透過輸送管線運往各地。巴奈特、伍德福德、海恩斯維爾等礦區的頁岩氣開發業者為輸送天然氣至東部，計畫合作架設規模高達 10Bcfd 的輸送管線。由於輸送網愈來愈多，與 Henry Hub 的價格差距愈來愈小。
供應鏈	二〇〇八年的開採速度加快，使得產氣井完井與輸送管線架設工程進度一時停滯。二〇〇六年時，由 2～3 家大型服務業者獨占供應業務；二〇〇七年以後，中小型企業也加入供應服務業務，鑽油台使用率（rig rates）與壓裂成本因此降低。二〇〇八年下半年由於經濟不景氣的關係，在預算不足以及 Waha hub 天然氣價格低落的情況下，因而減少開採作業（尚未完井的井坑增加至 450 座）。
租賃條件	業者與地主簽訂採礦租賃合約。合約規定須在三年內進行開採作業，且地主須比地方政府更加配合開採作業。位在市區內的礦區通常較難取得採礦許可證，不過切薩皮克能源公司（Chesapeake Energy）在二〇〇九年四月向沃斯堡市（Fort Worth）提出基本計畫，德州鐵路委員會（Texas Railroad Commission）在七天內即迅速核發許可證。
環境限制	市區內的採礦限制／規定（限定坑口位置）。
確保水源與井坑排水	The Barnett Shale Water Conservation and Management Committee（BSWCMC）。二〇〇七年德州北部乾旱，頁岩氣的開採成了眾矢之的。德州鐵路委員會表示，二〇〇八年巴奈特頁岩氣礦區內有 117 座灌注井（injection well）、3 座廢水處理設備、24 座廢水灌注井。德文能源公司採用傳統的完井工法，所需的 350 萬加侖用水中有 24％可循環運用。
稅金	二〇〇八年的租約紅利（Lease bonus）為 20,000～28,000 美元／英畝，簽字紅利（Sign Up Bonus）為 5,000～10,000 美元／英畝，權利金25％。對於高成本的井坑，另有數％的減稅措施。依照德州稅制繳付。
蘊藏量	85％的礦區可進行商業化量產（每隔 40 英畝一座產氣井，共計 24,785 處）。
生產經濟效益	一座水平井（每座井坑從開採到生產的三十天內，會額外產生 2 萬桶液體）產量 500Bcf（每隔 40 英畝一座產氣井，共 386 座。另有 5 座鑽探平台。自租賃合約生效日期開始一年內，使用 3D 震測、微震監測）。熱能 1,030BTU／cf。

（單位）1 英畝（acre）＝ 4.047 m³，mcf ＝ 1,000 立方呎＝ 28.3 m³，Bcfd ＝ 10 億立方呎／日，1 加侖＝ 3.785 公升，BTU ＝ 0.252kcal。
（出處）參考各項資料。

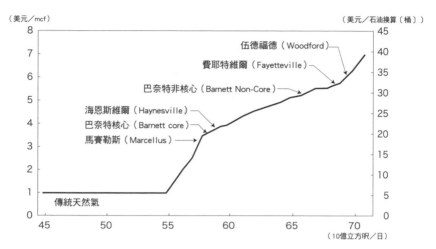

圖 1-18　頁岩氣的供給成本

（單位）mcf ＝ 1,000 立方呎 ＝ 28.3 m³。
（出處）WoodMackenzie, EPRINC calculation.

＝相當一桶油能量的天然氣之量）。至於垂直井所生產的傳統天
然氣供給成本，約 1 美元／ mcf。

　　開採頁岩氣進行得如火如荼，在市場結構方面，二〇一二年
的天然氣價格即使跌到 2 美元／百萬 BTU 以下，頁岩氣依舊維
持生產。原因在於開採頁岩氣的同時，也附加生產煤層氣、乙烷
與交易價值高的天然氣凝析液（NGL）所致。然而，在天然氣價
格長期低迷的情況下，往後是否還能維持生產？仍是未知數。因
此，預測未來的遞減曲線（decline curve）走勢以及提升可採蘊藏
量的推測精確度，即是今後著重的課題。

　　此外，每一座井坑的平均可採蘊藏量為 32 億立方呎（9,060

表 1-4　目前已投資開發的頁岩氣礦區

頁岩氣礦區名稱（州）	概要	主要企業	資源潛力
巴奈特（Barnett，德州）	3.7Bcf／d（2008）1981 年發現。面積：5,000sqm深度：6,500 ～ 8,500ft岩層厚度：100 ～ 600ft	德文能源公司（Devon Energy Corp.）克洛斯提柏能源公司（XTO Energy Inc.）切薩皮克能源公司（Chesapeake Energy）依歐格資源公司（EOG Resources）加拿大能源公司（EnCana）	• 44Tcf（可採蘊藏量）• 根據切薩皮克能源公司提供的最終累計生產量顯示，最高可達到75Tcf。
費耶特維爾（Fayetteville，阿肯色州）	2005 年確認。面積：9,000sqm深度：1,000 ～ 7,000ft岩層厚度：20 ～ 200ft	西南能源公司（Southwestern）切薩皮克能源公司	• 41.6Tcf（可採蘊藏量）• 切薩皮克能源公司預估的最終累計生產量，最高可達到 75Tcf。
海恩斯維爾（Haynesville，路易西安納州）	2007 年確認。面積：9,000sqm深度：10,500 ～ 13,500ft岩層厚度：200 ～ 300ft	切薩皮克能源公司加拿大能源公司Petrohawk	• 251Tcf（可採蘊藏量）• 2008 年 3 月，切薩皮克能源公司公布，既有礦區內的發現蘊藏量為7.5 ～ 20Tcf。• 切薩皮克能源公司預估的最終累計生產量，最高可超過 500Tcf。
馬賽勒斯（Marcellus，美國東北部）	2006 年確認。面積：95,000sqm深度：4,000 ～ 8,500ft岩層厚度：50 ～ 200ft	切薩皮克能源公司阿特拉斯能源公司（Atlas Energy）藍吉資源（Range Resources）	• 262Tcf（可採蘊藏量）• 切薩皮克能源公司預估的最終累計生產量，最高可超過 500Tcf。
霍恩河盆地（Horn River Basin，加拿大卑詩省）	岩層厚度：530ft	Apache-EnCana依歐格資源公司加拿大能源公司尼克森（Nexen）	• Apache-EnCana 合作夥伴加上依歐格資源公司、尼克森，共計可開採 18 ～ 31Tcf。

（單位）sqm ＝平方英里，ft ＝英呎，Tcf ＝兆立方呎＝ 283 億 m^3。
（出處）參考各項資料。可採蘊藏量參考美國能源部（DOE）報告〈Shale gas primer 2009〉

表 1-5 美國天然氣產量排行榜──排名前 12 企業

	排名	2008 年產量（百萬 cf ／ d）	2008 年量與前年相比（％）	2008 年美國年間開採數（採掘井與開發井合計）	2009 年 3 月 27 日為止採掘作業數量	2012 年排名	2012 年產量（百萬 cf ／ d）
大廠							
英國 BP	1	2,157	−0.8	384	27	5	1,651
康菲石油（ConocoPhillips）	3	2,091	−8.8	849	30	7	1,548
雪弗龍（Chevron）	8	1,501	−11.6	860	12	10	1,203
埃克森美孚（ExxonMobil）	9	1,241	−15.5	442	12	1	3,822
殼牌（Shell）	12	1,040	−8.0	493	18	12	1,067
中堅企業							
切薩皮克能源公司（ChesapeakeEnergy）	2	2,119	18.2	1,733	103	2	3,085
阿納達科石油公司（Anadarko）	4	2,049	7.1	1,590	28	3	2,495
德文能源公司（Devon）	5	1,982	14.0	1,069	29	4	2,055
克洛斯堤柏能源公司（XTO Energy Inc.）	6	1,905	30.7	1,247	64		
加拿大能源公司（EnCana）	7	1,663	21.5	750（僅天然氣）	30	6	1,622
依歐格資源公司（EOG Resources）	10	1,163	19.8	1,542（僅天然氣）	45	13	1,034

（出處）參考各家公司二〇〇八年的財務報表，以及切薩皮克能源公司的網頁。

編按：二〇一二年資料參考 www.ngsa.org 網頁資訊。

萬 m³），不僅可附加生產乙烷，也能以便宜價格採購提煉自頁岩氣的乙烯（ethylene），石化產業因此受惠於頁岩氣所帶來的附加效果。至於前面所提到的馬賽勒斯／巴奈特核心（Barnett Core）／海恩斯維爾等頁岩氣礦區，則是基於經濟上的考量開採天然氣，因此只附加生產交易價值高的天然氣凝析液。

另一方面，巴奈特非核心（Barnett Non Core）／費耶特維爾／伍德福德等礦區的頁岩氣供給成本為 5 至 6 美元／ mcf（28 至 34 美元／ boe）。預期他們將會出售開發資產，並且將鑽油台移往可附加生產凝析液的頁岩氣礦區。

美國的頁岩氣革命貢獻卓絕，使美國的非傳統天然氣產量超過總產量的 50％，預期產量還會持續增加。而頁岩氣的產量大增，足可彌補傳統天然氣田產量衰退的部分。二○○九年時，美國的天然氣產量已達到 20.6 兆立方呎（5,840 億 m³），超越俄羅斯的 20.5 兆立方呎（5,810 億 m³），躍升全球首屈一指的天然氣生產國。

由於頁岩氣等非傳統天然氣的產量大增，使美國國內開採天然氣的後勢看漲，如果確定能增加可採蘊藏量，可想而知，天然氣價格將長期維持在低價位。然而，受到德州南部、懷俄明州的派恩戴爾（Pinedale）／約拿（Jonah）以及保德河（Powder River）、德州東部、路易西安納北部等地的傳統天然氣田產量衰退的影響所致，至二○三五年為止，上述礦區的產量合計為 23 兆立方呎（6,500 億 m³）左右（表 1-6）。

表 1-6　美國天然氣井口價格、國內產量、頁岩氣、煤層氣（CBM）、可採蘊藏量

AEO 2010	2007	2008	2009	2010	2011	2015	2020	2025	2030	2035
天然氣井口價格（2008 年，美元／百萬 BTU）	6.38	7.85	3.24	3.94	5.02	5.54	5.87	6.18	7.11	7.84
天然氣井口價格（2008 年，美元／ mcf）1,028 BTU ＝ 1cf	6.56	8.07	3.33	4.05	5.16	5.70	6.03	6.35	7.31	8.06
國內產量（Tcf）	19.09	20.56	20.60	20.01	19.46	19.29	19.98	21.31	22.38	23.27
頁岩氣（Tcf）	1.15	1.49	2.36	2.75	3.02	3.85	4.51	4.94	5.50	6.00
煤層氣（CBM）（Tcf）	1.91	1.97	2.19	2.07	1.98	1.89	1.88	1.77	1.85	1.93
可採蘊藏量（Tcf）	225.81	235.63	238.88	241.87	246.76	254.61	260.13	259.77	263.33	267.94

（單位）mcf ＝ 1,000 立方呎 ＝ 28.3 m³，Tcf ＝ 兆立方呎 ＝ 283 億 m³，百萬 BTU ＝ 25.2 萬 kcal。
（出處）參考美國能源部（DOE）資料，*Annual Energy Outlook 2010.*

石油巨擘與日本貿易公司相繼投入開採頁岩氣

　　對大型石油企業而言，由於中東等石油生產國家局勢動盪，發展不易；相較之下，在政治、經濟風險較低的美國投資頁岩氣，則是吸引力十足。二〇〇八年時，大型石油企業便開始與領先開發頁岩氣的中堅企業建立合作關係，相繼投入開採頁岩氣。

　　例如英國 BP，以 36.5 億美元買下切薩皮克能源公司在伍德福德頁岩氣礦區的權益；加拿大能源公司（EnCana）與石油巨頭殼牌（Shell）合資開採海恩斯維爾的天然氣；挪威國家石油公司（Statoil）與切薩皮克能源公司合資開採馬賽勒斯等地的頁岩氣。另一方面，埃克森美孚則是決定以美國開採頁岩氣的知識經

驗，前往歐洲發展新興事業。

此外，法國石油集團道達爾公司（Total）為取得切薩皮克能源公司在海恩斯維爾礦區25％的權益，投注了高達22.5億美元的資金。接受這項投資的切薩皮克能源公司，也因此對德州南部的鷹堡頁岩（Eagle Ford）抱持高度興趣。

至於德文能源公司，則是以十三億美元出售墨西哥灣深海區「古近紀（又稱老第三紀）」的優質油田，包括Cascade油田、Jack油田與St. Malo油田（可採蘊藏量3至9億桶），轉投資於開發經營美國陸地的天然氣資源。

加拿大的塔里斯曼能源公司（Talisman Energy Inc.），在二〇一〇年投資50億美元，開發本國蒙特尼（Montney）的頁岩氣以及美國馬賽勒斯的頁岩氣。

日本的大型綜合貿易公司也相繼投入開採非傳統天然氣，由於產量值得期待，而搶先在美國、澳洲投資開採（表1-7）。

表1-7　日本貿易公司投資頁岩氣的權益狀況（2011年6月為止）

年月	公司名稱	國名	頁岩氣礦區	投資金額（概算）
2009年 12月	住友商事	美國	巴奈特	2,500萬美元
2010年　2月	三井物產	美國	馬賽勒斯	14億美元
6月	雙日	美國	迦太基（Carthage）	—
8月	三菱商事	加拿大	科多瓦（Cordova）	4.5億加拿大幣
9月	住友商事	美國	馬賽勒斯	1.9億美元
2011年　6月	三井物產	波蘭	東北部	6,000萬美元
6月	三井物產	美國	鷹堡頁岩	6.8億美元

（出處）筆者參考各類報導資料。

第 **2** 章 | **頁岩氣爭奪戰已揭幕**
──全球開採現況

美國能源資訊局（EIA）在二〇一一年四月發表了「世界頁岩氣資源量評估報告（World Shale Gas Resources）」。美國能源資訊局委託國際先進能源公司（Advanced Resources International Inc.，簡稱 ARI），針對美國以外的全球三十二個國家，調查各國賦存頁岩氣的沉積盆地在地下 69 層序（horizon）的生油岩（source rock），並且評估、分析其中的「經探採風險修正後（risked）的原始埋藏量」與「技術尚可採蘊藏量」。結果顯示，美國以外的三十二個國家也含有龐大的頁岩氣資源。

值得注意的是，運用傳統技術即可輕易從地下開採的「傳統天然氣」，由於供應量有限，因此對於傳統天然氣產量減退的國家（例如中國、南非、歐洲）而言，頁岩氣的資源量相當值得期待。

受到美國成功經驗的影響，如今頁岩氣的開發也擴展到美國以外的國家，在全世界如火如荼地進行著。

2.1 加拿大
──蘊藏量豐富，須著手建構基礎設施

加拿大頁岩氣的特徵

美國的鄰國加拿大，目前是以當地企業為主軸擴大進行頁岩氣的開採。例如卑詩省東北部的霍恩河盆地以及蒙特尼頁岩層、亞伯達省（Alberta）與薩克其萬省（Saskatchewan）的科羅拉多

群盆地（Colorado Group Basin）、魁北克省的尤提卡（Utica）
頁岩層、諾瓦史可提亞省（Novascotia）與新伯倫瑞克省（New
Brunswick）的荷頓斷崖（Horton Bluff）頁岩層（圖2-1、表2-1）。

　　加拿大全境的頁岩氣原始埋藏量約1,000兆立方呎（28兆
3,000億 m^3），儘管假設其中20％可開採，但仍要視往後的開發
狀況才能估算確定可採蘊藏量有多少。此外，因地下的埋藏深度
不同，而分成低壓頁岩（Under-pressured Shales，科羅拉多群盆
地）與超高壓頁岩（Over-pressured Shales，霍恩河盆地、蒙特尼
頁岩層、尤提卡頁岩層）兩大類。

圖 2-1　加拿大的頁岩氣礦區

（出處）Advanced Resources, SPE/Holdich Nov 2002 Hill 1991, Cain 1994 Hart Publishing, 2008 modified from Ziff Energy Group, 2008.

表 2-1　加拿大頁岩氣成分資料比較表

	霍恩河	蒙特尼	科羅拉多	尤提卡	荷頓斯崖
深度（m）	2,500～3,000	1,700～4,000	300	500～3,300	1,120～2,000+
岩層厚度（m）	150	up～300	17～350	90～300	150+
天然氣充填孔隙率（％）	3.2～6.2	1.0～6.0	<10	2.2～3.7	2
有機物（％）	0.5～6.0	1～7	0.5～12	0.3～2.25	10
有機物成熟度（Ro）	2.2～2.8	0.8～2.5	細菌	1.1～4	1.53～2.03
二氧化矽（silica）（％）	45～65	20～60	礫石、矽土（silt）	5～25	38
方解石或苦灰石（％）	0～14	up～20	—	30～70	多
黏土（％）	20～40	<30	高	8～40	42
游離天然氣（free gas）（％）	66	64～80	—	50～65	—
吸附天然氣（％）	34	20～36	—	35～50	—
二氧化碳（％）	12	1	—	<1	5
整區原始埋藏量（百萬 m³）	1,700～9,000	230～4,500	623～1,800	710～5,950	2,000～17,000+
整區原始埋藏量（10 億立方呎）	60～318+	8～160	22～62	25～210	72.4～600+
開發區域原始埋藏量（10 億 m³）	4,100～17,000	2,300～20,000	>2,800	>3,400	>3,700
開發區域原始埋藏量（Tcf）	144～600+	80～700	>100	>210	>130
包括水力壓裂在內的水平井成本（百萬加拿大幣）	7～10	5～8　0.35（垂直井）		5～9	不明

（單位）Tcf ＝兆立方呎＝ 283 億 m³。

（出處）參考各項資料。

至於天然氣的採收率，一般來說傳統天然氣為 95％，非傳統天然氣為 20％，預估加拿大的頁岩氣水平井在開採期間，每座的產量可達到 10 至 100 億立方呎（2,830 萬至 2 億 8,300 萬 m³），其中水平井的初期日產量約 300 萬至 1,600 萬立方呎（8 萬 5,000 至 45 萬 3,000 m³）／日；可望以垂直井開採頁岩氣的初期日產量僅為 100 萬立方呎（2 萬 8,300 m³）／日，科羅拉多群盆地的日產量甚至只有 10 萬立方呎（2,830 m³）／日而已。

另一方面，二〇〇七年時，加拿大的傳統天然氣每座井坑的初期日產量約 20 萬立方呎（5,660 m³）／日。

開發頁岩氣須面對的課題

如先前所述，加拿大全境的頁岩氣原始埋藏量約 1,000 兆立方呎（28 兆 3,000 億 m³），假設其中 20％可開採，預估可採蘊藏量約占加拿大最具開採潛力的傳統天然氣礦區的三分之一，其龐大的資源量，甚至預期可達到現存傳統天然氣的三分之二。不過，由於尚未開發，因此無法計算正確的數量。

如果想要加快頁岩氣的開發腳步，相較於液化天然氣這類傳統天然氣或者可用遠距離運輸的競爭對手，頁岩氣必須確保生產週期成本的優勢。基於此點，目前確定可開採的區域僅限於霍恩河盆地與蒙特尼頁岩層吧。在霍恩河盆地進行開發的阿帕奇公司（Apache Corp.）和依歐格資源公司（EOG Resources）都與卑詩省簽訂了 MOU [5]，研議輸送液化天然氣至當地的天然氣接收站。

　　尤提卡頁岩層水平井的生產數據不多，還須一段時間才能進入開發階段。而科羅拉多群盆地淺部垂直井的數據，僅限於亞伯達省的 Wildmere 探勘區，至於荷頓斷崖頁岩層則還在探勘階段。

　　由於使用水力壓裂技術開採，因此確保水源即成了重大的問題所在。除此之外，頁岩氣開採過程中所排放出來的二氧化碳捕獲與封存（CO_2 Capture and Storage，以 CCS 簡稱之）技術也是需要關注的重點。

　　加拿大開發頁岩氣所需檢討的課題，在於評估儲集層的特性與建立輸送管線、天然氣處理設備等基礎設施，以及調查頁岩層的分布範圍與熱成熟度（thermal maturity）、地面的輸送管道、開採成本等問題。

　　開發的同時，對周遭環境的影響也不容忽視。例如水力壓裂技術所使用的壓裂液中含有 0.5％的少量化學物質，除了須避免污染飲用水的含水層之外，也須妥善處理排放出來的壓裂液。美國在開採頁岩氣時，國內也擔心開採過程會造成環境污染，不過目前並沒有出現影響地質結構的確切報告。

　　另外，頁岩氣的開採也須考慮到法規限制。美國紐約州的頁岩氣礦區由於鄰近水源區，該區的開採作業已喊停。相反的，賓夕法尼亞州則是在雇用與稅收方面採取相關措施支援開發。

5）MOU：「備忘錄」（Memorandum of Understanding），廣泛用於各類協議上。除非在內容有特別約束規範，否則在法律上不具效力。

2.2 歐洲
──能源是否能實現「脫俄入歐」的目標？

歐洲知名研究機構如德國大地研究中心（GFZ）、法國石油研究院（IFP）、荷蘭應用科學研究院（TNO），歷時三年時間探勘歐洲境內的頁岩氣礦區，殼牌與英國 BP 亦提供資金贊助研究。除了企業致力於頁岩氣的探勘之外，德國、奧地利、匈牙利等國也予以高度關注（表 2-2）。

目前瑞典、波蘭、匈牙利、英國、德國、法國、奧地利等國均著手進行評估頁岩氣的開發，世界石油工程師協會（SPE）則預估，歐洲的頁岩氣資源量可望達到 550 兆立方呎（16 兆 m^3）。

表 2-2　北美以外的頁岩氣評估發展動向

北美以外的地質評估發展

歐洲的動向

- 德國（GFZ）、法國（IFP）、荷蘭（TNO）的研究機構致力於探勘歐洲境內的頁岩氣礦區，自二〇〇九年起進行為期三年的地質評估。殼牌與英國BP提供資金贊助研究。
- 除了企業致力於頁岩氣的探勘之外，德國、奧地利、匈牙利等國也予以高度關注。
- 天然氣價格較北美高，對歐洲境內的天然氣寄予厚望。抵制俄羅斯出產的天然氣？需要面對的問題比美國多，例如輸送管線的架設、土地取得、稅制上的獎勵措施等等。

對中國、印度、埃及、南亞的影響

➡ 須注意技術、基礎設施等方面的風險對開採成本的影響。

（出處）參考各項資料。

　　歐洲目前的頁岩氣開發尚在初期階段，知識技術仍不足夠。再加上缺乏美國那樣起帶頭作用的中堅企業，同時天然氣輸送網與處理設備等基礎設施也未臻完善。

　　歐洲是經由俄羅斯等國的輸送管線進口天然氣，使得天然氣價格比北美還高。因此英國、法國、德國等歐洲各國為擺脫俄羅斯天然氣公司的長期購買合約，均急於著手探勘頁岩氣。

　　早一步進行開發評估的波蘭，已在國內發現大規模的頁岩氣礦區，有可能為將來的能源安全保障框架帶來重大變革。根據美國能源資訊局在二〇一一年四月所發表的報告顯示，波蘭的頁岩氣技術上可採蘊藏量預估為 5.3 兆 m^3。這是二〇〇九年波蘭國內天然氣消耗量的 320 年份，遠超過歐洲全體消耗量的十年份，波蘭的頁岩氣蘊藏量因此超越法國，為歐洲最大儲量。

　　有鑑於此，波蘭於二〇〇五年至二〇〇七年起，將採礦權賦予具有開採實績的美國企業。除了雪弗龍與埃克森美孚等石油大廠以外，多數具備頁岩氣開發實績的中堅企業也相繼投入。三井物產即於二〇一一年六月，從美國的馬拉松石油公司（Marathon Oil）取得一部分波蘭的頁岩氣礦區權益，並計畫在五年期間進行開採作業。

　　波蘭政府大力開發頁岩氣的背景因素，在於藉此降低向俄羅斯進口能源的依賴度。目前波蘭 90％以上的電力來自燃煤火力發

電，想要達到二氧化碳減排的目標，只得增加天然氣火力發電的比重。然而，波蘭一年的天然氣消耗量有九成是向俄羅斯進口。二〇一〇年十月，波蘭與俄羅斯簽署的長期購買合約中，天然氣進口量由一年 75 億 m^3 增加到 90 億 m^3，截止期限至二〇二二年為止。此舉使波蘭產生危機意識，擔心將來可能由俄羅斯一手掌控天然氣的供給。

降低對俄羅斯的能源依賴，也是歐盟其他各國共同的想法。目前歐盟全體的天然氣進口量，有四成來自俄羅斯，其中 80％是經由烏克蘭所控制的管線輸送。

過去因為天然氣供應價格與延遲付款等事宜，使歐盟和俄羅斯、烏克蘭之間展開數度交鋒，俄羅斯更揚言停止供應天然氣。

另一方面，歐洲各國本身的問題也不少。法國的頁岩氣技術上可採蘊藏量與波蘭相去不遠，但是因為「環境污染」的問題而使開發受挫。理由是使用「水力壓裂」技術開採頁岩氣時，須將大量化學物質與水以高壓形式注入地下，不免使人擔心會有污染地下含水層的風險。二〇一一年五月，隨即通過禁止在巴黎盆地開採頁岩氣的法案。對法國而言，國內 75％的電力是倚靠核能發電，自然沒有開採頁岩氣的需求，而波蘭等東歐國家更是法國核能相關企業的潛在市場。然而，必須正視的問題是，這些國家如果加速建設以頁岩氣為燃料的火力發電廠，法國極有可能失去核電出口對象國。

儘管如此，歐洲各國想要擺脫天然氣超級大國俄羅斯的桎

梏，仍不是一件容易的事。德國自從宣布放棄核電以來，與俄羅斯的關係比以往更加密切，為確保俄羅斯能夠穩定供給天然氣而展開一連串行動。在這樣的情況下，波蘭也不是孤立無援的。二〇一一年五月，美國總統歐巴馬與波蘭總統科莫羅夫斯基會談的重要議題，即是「導彈防禦（Missile Defense）」以及「開發頁岩氣」。目的即在於將美國石油產業開發頁岩氣的知識技術運用在波蘭，藉此搶得龐大商機，削弱俄羅斯在歐洲的影響力。

由此可知，歐洲如果想要加快開發頁岩氣的腳步，首先要及早建立完善的開發結構，例如提高埋藏量的探勘準確度、累積開發經驗，以及避免因業者爭相投入而打亂天然氣的價格。對歐洲來說，探勘頁岩氣的重要意義在於增加天然氣的自給率，歐洲頁岩氣的開發一旦步上軌道，俄羅斯天然氣公司的天然氣價格就得與石油製品價格連動，從經濟合理性的觀點來看，俄羅斯的天然氣就會在歐洲市場失去競爭力。問題在於歐洲對於建設開發頁岩氣相關基礎設施的限制仍多，想要與美國同樣掀起頁岩氣革命還言之尚早。儘管頁岩氣並未如美國那樣在歐洲備受矚目，但中長期來看，其重要性仍然不容小覷。

2.3 中國
——超越美國，蘊藏量全世界最大

中國投入探勘頁岩氣的起步比歐洲更晚。目前殼牌與中國石油天然氣股份有限公司（PetroChina）合作探勘四川盆地（圖

2-2），英國 BP 則與中國石油化工股份有限公司（Sinopec）著手評估中國西南部開里地區（貴州省）、東部黃橋地區（江蘇省）的頁岩氣資源潛力。

而美國能源資訊局在二〇一一年四月所發表的頁岩氣資源量評估報告，為能源相關人士帶來不少衝擊。報告顯示，中國四川盆地與內陸的塔里木盆地，兩地的頁岩氣技術上可採蘊藏量合計高達 36 兆 m^3。這項數據遠超過美國，使中國的頁岩氣蘊藏量為全世界最大（圖 2-3）。

中國政府因此推出了頁岩氣增產的相關計畫，提出二〇二〇年的產量目標為 150 億 m^3，二〇三〇則提高至 1,100 億 m^3。另一

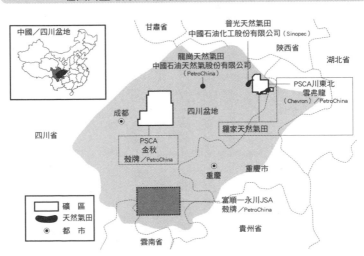

圖 2-2　殼牌與中國石油天然氣股份有限公司（PetroChina）在四川盆地的共同開發礦區（富順─永川）

（出處）日本石油天然氣和金屬礦產公司（JOGMEC）石油調查部。

方面，根據國際能源總署（International Energy Agency，IEA）在
二〇一〇年發表的中國天然氣供需預測報告，認為中國在二〇二
〇年的生產總值缺口（GDP gap，須進口的量）為 800 億 m^3，二
〇三〇年則增至 1,640 億 m^3。換句話說，如同中國所宣稱的，中
國一旦全面開發頁岩氣，對天然氣的進口需求即可減少 540 億 m^3
之多。

圖 2-3　中國主要頁岩氣探勘、投標地區

（出處）日本石油天然氣和金屬礦產公司（JOGMEC）參考各項資料製作。

2.4 世界頁岩氣資源量分析

可能成為頁岩氣大國的國家

為協助評估全球頁岩氣資源量，美國國務院於二〇一〇年四月發布了「全球頁岩氣倡議（Global Shale Gas Initiative，GSGI）」，將全球的頁岩氣潛力國分為兩大類。

第一類國家，目前雖然是天然氣進口國，但是生產天然氣的基礎設施已臻完善，頁岩氣的預估資源量也能滿足國內的天然氣消耗量。這類國家可謂已具備開發頁岩氣的動機。

具體來說，有法國、波蘭、土耳其、烏克蘭、南非、摩洛哥、智利等國家。尤其是南非把天然氣轉換為液態燃料的天然氣製合成油（gas-to-liquid，GTL）技術，以及將煤炭轉成液態燃料的煤炭液化（Coal to Liquids，CTL）技術相當值得期待。

第二類國家，國內的頁岩氣的預估資源量豐富，例如 200 兆立方呎，足可供應國內消耗量與出口，同時也具備生產天然氣的基礎設施。

這類國家除了美國以外，還包括加拿大、墨西哥、中國、澳洲、利比亞、阿爾及利亞、阿根廷、巴西等國。主要的特徵是國內已擁有天然氣生產基礎設施，不僅可促進頁岩氣的開採，也能在能源市場上與其他天然氣資源展開競爭。

根據劍橋能源諮詢公司（IHS CERA）在二〇一一年五月於

「Global LNG Roundtable」所作的預測，全球的頁岩氣開發潛力國家中，除了歐洲以外，其他國家想要實現大規模的開採，至少得耗費五十年以上（以二〇一〇年為基準）。特別是在資源潛力最高的亞洲，例如中國，頁岩氣極有可能對液化天然氣構成潛在威脅。

資源量的評估方式

接下來所要闡述的是美國透過方法論與個案研究，評估全球頁岩氣資源量的相關知識。以下內容或許有些艱深專業，但是在思考今後的能源結構（Energy Mix）時亦能有所啟發，極具參考價值。

下述資料是二〇一〇年時，針對美國以外的三十二個國家，評估其境內賦存頁岩氣的沉積盆地。

歐洲為法國、德國、荷蘭、挪威、英國、丹麥、瑞典、波蘭、土耳其、烏克蘭、立陶宛，共計十一國。

北美洲為加拿大、墨西哥兩國；亞洲與大洋洲為中國、印度、巴基斯坦、澳洲等四國；非洲為南非、利比亞、突尼西亞、阿爾及利亞、摩洛哥、西撒哈拉、茅利塔尼亞等七國；南美洲為委內瑞拉、哥倫比亞、阿根廷、巴西、智利、烏拉圭、巴拉圭、玻利維亞等八國。

根據評估的結果，將各國的沉積盆地區分為以下四種階段（圖 2-4）。

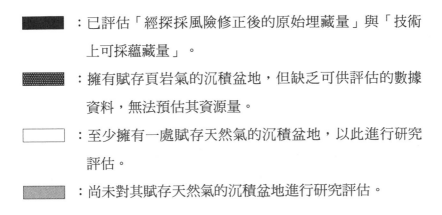

：已評估「經探採風險修正後的原始埋藏量」與「技術上可採蘊藏量」。

：擁有賦存頁岩氣的沉積盆地，但缺乏可供評估的數據資料，無法預估其資源量。

：至少擁有一處賦存天然氣的沉積盆地，以此進行研究評估。

：尚未對其賦存天然氣的沉積盆地進行研究評估。

根據「世界頁岩氣資源量評估報告」所公布的資料，可預估最終的「經探採風險修正後的原始埋藏量」與「技術上可採蘊藏量」。探勘頁岩氣時，如果現場取得的資料不足，這份報告資料即具參考價值。

沉積盆地與層序[6]級別的調查順序，分為以下六種階段。

首先是第一階段，預先調查頁岩沉積盆地的層序、地質、儲集岩的特性。

依據公布資料（層序柱狀剖面[7]、檢層）中的編譯資料[8]，調查頁岩氣沉積盆地的地質年代與生油岩（source rock），以此評估、篩選出主要的頁岩氣層。蒐集內容包括頁岩的沉積環境（海

6）層序：某個地區或地域的部分地質記錄。內容包括該地域的岩石類別、性質、厚度、重量順序、相互關係、年代與對比等相關資訊。

7）柱狀剖面（column）：利用鑽孔採取到的圓柱狀地層樣本。

8）編譯資料（compile）：將資料編譯成圖形化。

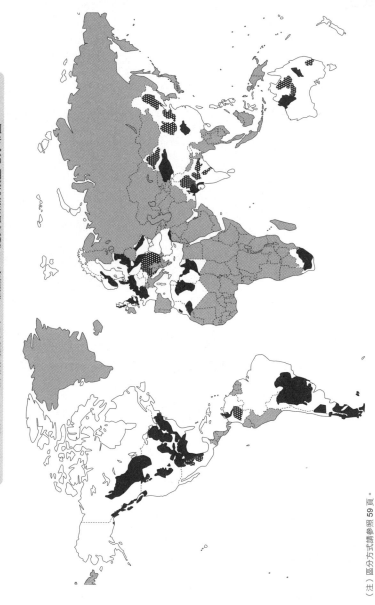

圖 2-4　評估美國以外 32 個國家 48 處頁岩氣沉積盆地分布圖

（注）區分方式請參照 59 頁。
（出處）美國能源資訊局（EIA）。

相、湖相或河相）、深度、含斷層的地質結構、頁岩的整體厚度、富含有機物的頁岩淨厚、有機物濃度（TOC）、有機物熱成熟度（Ro）等地質、儲集岩方面的相關資訊。

一旦確定該岩層是主要的頁岩氣層，便進入全面調查的第二階段。圖 2-5 是位於北非中央、突尼西亞南部的古達米斯（Ghadames）盆地的地質剖面圖，如圖所示，主要的頁岩氣層地質年代為泥盆紀與志留紀，可依此進行全面推測岩層整體的厚度。

第三階段是蒐集與分析各個頁岩氣層的地質、儲集岩等資訊，依此畫定具開採潛力的區域。所需的具體資訊則是根據頁岩的沉積環境（海相、湖相或河相），調查其中的石英、方解石、黏土等礦物成分。例如海相沉積的黏土成分較少，石英、長石、碳酸鹽等鬆軟易碎的礦物質含量較多，因此適合採用水力壓裂技術；至於湖相或河相沉積岩，由於可塑性的黏土成分較多，不適合採用水力壓裂技術。此外，適合開採的頁岩氣層深度必須在 1,000 公尺至 5,000 公尺之間。深度不到 1,000 公尺的頁岩，因為壓力與天然氣含量低的關係，自然生成的裂縫中含水量過高，會造成開採上的風險。相反的，深度超過 5,000 公尺的頁岩，由於天然氣層的滲透率過低，會增加鑿井與完井的成本。

有機物濃度 TOC 也是評估頁岩氣層的重要指標，且必須達到 2％ 以上。另一方面，有機物的熱成熟度指標鏡煤素反射率（vitrinite reflectance，Ro％），也代表了地層中的有機物是否已

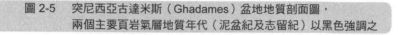

圖 2-5　突尼西亞古達米斯（Ghadames）盆地地質剖面圖，
　　　　兩個主要頁岩氣層地質年代（泥盆紀及志留紀）以黑色強調之

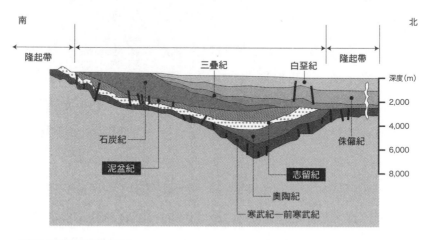

（出處）美國能源資訊局（EIA）。

經受熱分解成碳氫化合物。這項指標所要求的 Ro 為 1.0％以上，若是超過 1.3％，即成了甲烷含量高的乾性天然氣（dry gas）。

　　Ro 值愈高，頁岩中的填充物（Matrix）所含的熟成油母質[9]就會產生奈米級（10^{-9}m）的微小孔隙，進而擴大甲烷的儲存空間（圖 2-6）。

　　而頁岩氣資源中品質較佳的「核心區域（Core）」，僅占所

9）油母質（kerogen）：泥質沉積岩中不溶於有機溶劑的有機混合物。由碳、氫、氮、硫磺等組成的高分子化合物，其化學結構不穩定。近期的石油「有機成因」學派認為，在油母質的進化（成熟）期間（成岩作用後期），經由熱分解而產生的碳氫化合物是構成石油礦脈的主要成分。

有沉積盆地的半數以下。如圖 2-7 所示，頁岩氣礦區分成核心區域與非核心區域，其畫分的基準是依據每座井坑的預估總產量（EUR）多寡而定。

第四階段，評估礦區內的游離天然氣（free gas）與吸附天然氣。游離天然氣主要儲存於深度深且易碎的頁岩裡，測定它的含量時，需要頁岩層的壓力（P）、溫度（T）、孔隙裡填充的天然氣含量、富含有機物的頁岩淨厚等數值。並採用容積法，根據已知的資訊建立顯示儲集層物性的「PVT 方程式（理想氣體方程式／聯合氣體定律〔combined gas law〕）」，以此計算每單位面積的游離天然氣原始埋藏量（GIP）。

圖 2-6 　頁岩中的填充物所含的成熟油母質裡的微小孔隙

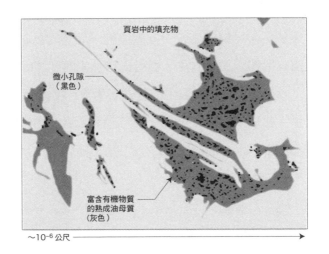

（出處）參考日本石油天然氣和金屬礦產公司（JOGMEC）資料。

圖 2-7　頁岩中的填充物所含的熟成油母質裡的微小孔隙

德州巴奈特礦區的所有井坑

奧克拉荷馬州

德州

核心區域（Core）

非核心區域（Non-Core）

非核心區域（Non-Core）#2

圖　示
○　油　井
■　天然氣井

- 核心地區（1,548平方英里）
  每一座井坑的預估總產量：
  25億立方呎＝7,000萬m³

- 非核心地區（2,254平方英里）
  每一座井坑的預估總產量：
  15億立方呎＝4,200萬m³

- 非核心地區 #2（4,122平方英里）
  每一座井坑的預估總產量：
  8億立方呎＝2,300萬m³

0　5　10　20　30　40
英里

（出處）參考國際先進能源公司（Advanced Resources International Inc.）資料。

　　吸附天然氣常見於深度較淺且處於熟成期間的頁岩裡，它的含量是依據有機物濃度（TOC）與有機物熱成熟度（Ro），推算其藍密爾（Langmuir）等溫吸附方程式參數 VL 與壓力 PL。至於每單位重量（典型的頁岩密度為 2.65 至 2.8 公克）的吸附天然氣密度（Absorbed Gas Content：Gc），則是將頁岩層的壓力（P）計算在內，依據下列方程式得出。

$$Gc = (VL \times P) / (PL + P)$$

以上便是礦區內的游離天然氣（free gas）與吸附天然氣的評估方式。如前所述，深度淺的頁岩裡吸附天然氣（Sorbed）較多，深度深的頁岩裡游離天然氣的比例較高（圖 2-8）。

第五階段是預估「經探採風險修正後的原始埋藏量」。這是依據頁岩氣層資訊多寡計算出來的「探勘區（Play）成功機率」（Play Success Factor），以及根據地質複雜性或是用 ACCESS 計算出來的「好景區成功機率」（Prospective Area Success Factor），將這兩項成功機率乘以第四階段得出的天然氣含量（Gas Content × 開採區域面積），便可預測「經探採風險修正後的原始埋藏量」數值。

表 2-3 是根據「Rogner 調查」與「EIA 調查」的結果，比較非傳統天然氣（包括頁岩氣）的「經探採風險修正後的原始埋藏量」。一般來說，EIA 所調查的原始埋藏量會比 Rogner 調查的數值還要大，尤其是北美、歐洲、非洲在數據上的差異極為顯著。

第六階段是預估「技術上可採蘊藏量」。這是透過資源量定量化的基本方式，藉此預測未來的天然氣產量，也就是把「經探採風險修正後的原始埋藏量」乘以「天然氣的地下採收率」。

「天然氣的地下採收率」是依據各項地質資訊與適用於頁岩氣層的類推計算得出，本研究中的回收率設定在 20％至 30％範圍內（也有回收率在 15％至 35％的例外情形）。

研究調查中的採收率，是根據過去的實地調查資訊所選定的。這項數值在實際運用天然氣回收技術上扮演關鍵的角色，能

圖 2-8　頁岩氣礦區的游離天然氣（free gas）、吸附天然氣的
密度與壓力（深度）關係示意圖

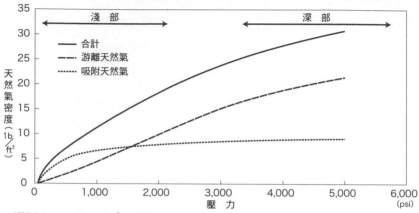

（單位）1psi ＝ 0.07kgf ／ cm² ＝ 6.89kPa。
（出處）美國能源資訊局（EIA）。

表 2-3　比較「Rogner 調查」與「EIA 調查」中的
經探採風險修正後的原始埋藏量

地域	Rogner 調查 （Tcf）	EIA 調查 （Tcf）
1. 北美洲*	3,842	7,140
2. 南美洲	2,117	4,569
3. 歐洲	549	2,587
4. 非洲**	1,548	3,962
5. 亞洲	3,528	5,661
6. 澳洲	2,313	1,381
7. 其他***	2,215	無法取得
合計	16,112	25,300

（單位）Tcf ＝兆立方呎＝ 283 億 m³。
（注）＊　包括美國。
　　　＊＊　Rogner 調查範圍包括中東、北非半部、漠南非洲（Sub-Saharan Africa）。
　　　＊＊＊　FSU，包括其他亞太諸國、中東、北非半部。
（出處）美國能源資訊局（EIA）。

否在 0.0001 至 0.001md[10] 的低滲透率頁岩上實施水平井或多階段水力壓裂，或是延展水平部分的長度、增加水力壓裂階段數等都是依據這項數值而決定。

　　關於頁岩中的礦物，海相頁岩中的黏土成分少，石英、長石、碳酸鹽等易碎礦物的含量較高，因此適合採用水力壓裂技術（照片 2-1 左圖），開採效果佳。另一方面，湖相或河相頁岩中，由於可塑性的黏土成分較多，不適合採用水力壓裂技術（照片 2-1 右圖）。

　　地質方面，須參考三維的地震探勘資料，讓水平井的水平部分延伸跨過斷層（Fault），藉此降低開採成本，以其達到最佳效益的基本目標。

照片 2-1　頁岩中的礦物對水力壓裂的影響

石英成分多的頁岩　　　　　　　　　　黏土成分多的頁岩
（出處）CSUG，二〇〇八。

10）md：毫達西（millidarcy）測量流體滲透的單位。1md = 9.87 × 10^{-16}m^2。

美國能源資訊局調查顯示的現實面

由以上可得知，如何運用研究機構公布的資料預估「經探採風險修正後的原始埋藏量」與「技術上可採蘊藏量」，不過，請不要忘記，這種方式仍然存在兩項風險。第一項風險，天然氣回收率是否能達到開採的目標？第二項，具開採潛力的區域未來能進行何種程度的開發？也就是基礎設施與市場上的風險。這兩項重要風險的高低與否，將會影響未來的探勘與開採。

如表 2-4 所示，美國以外三十二個國家的賦存頁岩氣沉積盆地中，「經探採風險修正後的原始埋藏量」預估為 22,016 兆立方呎（624 兆 m^3），「技術上可採蘊藏量」為 5,760 兆立方呎（163 兆 m^3）。

如果再加上美國的技術上可採蘊藏量（862 兆立方呎〔24 兆 m^3〕），頁岩氣的「技術上可採蘊藏量」即達到 6,622 兆立方呎（187 兆 m^3）。假設這些資源全部都能在符合經濟效益的前提下進行開採，其龐大數量足可供應全球六十年份的天然氣需求。不僅如此，如前面所提到的，除了這三十二個國家以外，其他地區也蘊藏著頁岩氣資源；若是再加上這些，頁岩氣的資源量會更加驚人。

如圖 2-9 所示，技術上可採蘊藏量最多的是中國（1,275 兆立方呎〔36 兆 m^3〕），接著依序是美國（862 兆立方呎〔24 兆 m^3〕）、阿根廷（774 兆立方呎〔22 兆 m^3〕）、墨西哥（681 兆立方呎〔19 兆 m^3〕）、南非（485 兆立方呎〔14 兆 m^3〕）。

表 2-4　美國以外 32 個國家的頁岩氣
「經探採風險修正後的原始埋藏量」與「技術上可採蘊藏量」

地域		國家	經探採風險修正後的原始埋藏量（Tcf）	技術上可採蘊藏量（Tcf）
北美洲		加拿大	1,490	388
		墨西哥	2,366	681
		合計	3,856	1,069
南美洲	南美北部	哥倫比亞	78	19
		委內瑞拉	42	11
		計	120	30
	南美南部	阿根廷	2,732	774
		玻利維亞	192	48
		巴西	906	226
		智利	287	64
		巴拉圭	249	62
		烏拉圭	83	21
		計	4,449	1,195
		合計	4,569	1,225
歐洲	東歐	波蘭	792	187
		立陶宛	17	4
		加里寧格勒州 (Kaliningrad)	76	19
		烏克蘭	197	42
		計	1,082	252
	西歐	法國	720	180
		德國	33	8
		荷蘭	66	17
		瑞典	164	41
		挪威	333	83
		丹麥	92	23
		英國	97	20
		計	1,505	372
		合計	2,587	624
非洲	中非、北非	阿爾及利亞	812	230
		利比亞	1,147	290
		突尼西亞	61	18
		摩洛哥 ※	108	18
		計	2,128	557
	南非		1,834	485
		合計	3,962	1,042
亞洲	中國		5,101	1,275
	印度／巴基斯坦	印度	290	63
		巴基斯坦	206	51
	土耳其		64	15
		合計	5,661	1,404
澳洲	澳洲		1,381	396
	總計		22,016	5,760

（單位）Tcf ＝兆立方呎＝ 283 億 m³。

（注）※ 包括西撒哈拉與茅利塔尼亞。

（出處）美國能源資訊局（EIA）。

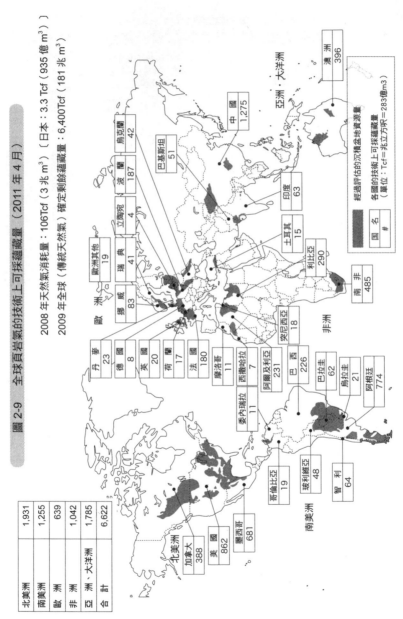

圖 2-9　全球頁岩氣的技術上可採蘊藏量（2011 年 4 月）

（出處）日本石油天然氣和金屬礦產公司（JOGMEC）參考美國能源資訊局（EIA）資料繪製。

表 2-5　技術上可採蘊藏量與生產、消費、進出口資訊以及與傳統天然氣確定蘊藏量的比較

	天然氣市場（2009 年）（Tcf）			傳統天然氣確定蘊藏量	技術上可採蘊藏量
	生產	消費	進口（出口）	（Tcf）	（Tcf）
歐　洲					
法　國	0.03	1.73	98%	0.2	180
德　國	0.51	3.27	84%	6.2	8
荷　蘭	2.79	1.72	（62%）	49.0	17
挪　威	3.65	0.16	（2,156%）	72.0	83
英　國	2.09	3.11	33%	9.0	20
丹　麥	0.30	0.16	（91%）	2.1	23
瑞　典	─	0.04	100%		41
波　蘭	0.21	0.58	64%	5.8	187
土耳其	0.03	1.24	98%	0.2	15
烏克蘭	0.72	1.56	54%	39.0	42
立陶宛	─	0.10	100%		4
其　他	0.48	0.95	50%	2.71	19
北美洲					
美　國	20.6	22.8	10%	272.5	862
加拿大	5.63	3.01	（87%）	62.0	388
墨西哥	1.77	2.15	18%	12.0	681
亞　洲					
中　國	2.93	3.08	5%	107.0	1,275
印　度	1.43	1.87	24%	37.9	63
巴基斯坦	1.36	1.36	─	29.7	51
澳　洲	1.67	1.09	（52%）	110.0	396
非　洲					
南　非	0.07	0.19		─	485
利比亞	0.56	0.21	63%	54.7	290
突尼西亞	0.13	0.17	（165%）	2.3	18
阿爾及利亞	2.88	1.02	26%	159.0	231
摩洛哥西	0.00	0.02	（183%）	0.1	11
撒哈拉	─	─	90%	─	7
茅利塔尼亞	─	─		1.0	0
南美洲					
委內瑞拉	0.65	0.71	9%	178.9	11
哥倫比亞	0.37	0.31	（21%）	4.0	19
阿根廷	1.46	1.52	4%	13.4	774
巴　西	0.36	0.66	45%	12.9	226
智　利	0.05	0.10	52%	3.5	64
烏拉圭	─	0.00	100%		21
巴拉圭	─	─			62
玻利維亞	0.45	0.10	（346%）	26.5	48
合　計	53.1	55.0	（3%）	1,001	6,622
全　球	106.5	106.7	0%	6,609	

（單位）Tcf ＝兆立方呎＝ 283 億 m³。

（出處）美國能源資訊局（EIA）。

　　表 2-5 則是評估各國的技術上可採蘊藏量，以及天然氣的生產、消費、進出口資訊、傳統天然氣確定蘊藏量等的比較。值得注意的是，運用傳統技術即可輕易從地下開採的「傳統天然氣」，由於供應量有限，因此對於傳統天然氣產量減退的國家（例如中國、南非、歐洲）而言，頁岩氣的資源量相當值得期待。特別是中國的資源量遠遠超過美國，這點相當耐人尋味。

　　無論如何，前面所提到的一連串調查，是針對全球的生油層進行全面性的資源量評估，可作為日後評估頁岩氣資源量的參考。

第 **3** 章 | 因頁岩氣革命而改變的
日本能源政策

　　閱讀至此，讀者應該會心想：「日本該何去何從？」「日本也要迫於現實而改變能源政策嗎？」

　　在此先整理一下全球的能源趨勢。國際能源總署在二〇一一年六月六日所發表的報告中闡述，「全球將步入『天然氣黃金時代』」。重點如下所示。

- 全球天然氣需求到了二〇三五年將達到 2.1 兆 m^3，與二〇〇八年相比增加了 62%。
- 整體能源需求以一年 1.2% 的速率持續增加（換算成石油，便是從二〇〇八年的 123 億噸增加到二〇三五年的 167 億噸）。
- 天然氣的增加速率為一年 2%，約是上述的兩倍，在全球能源結構所占的比例也快速增加（一次能源構成比從 21% 增加到 25%，超過煤炭的 22%，直逼石油的 28%〔石油原本是 33%，減少許多〕）。

　　非傳統天然氣的可採蘊藏量遽增，也補足了全球對天然氣的迫切需求。

　　在不易從地下開採的「非傳統天然氣」類別中，目前主要的開採對象是「緻密地層天然氣」、「煤層氣」與「頁岩氣」[11] 三種，且資源量都相當龐大。其中最讓全球能源相關人士驚愕的是，美國二〇〇八年的天然氣日產量（562 億立方呎／日，一年為 20.56

兆立方呎[12]）中，竟然有 50％來自非傳統天然氣。

造成天然氣產量遽增的原因，除了可採量大幅增加以外，天然氣對環境的負荷（二氧化碳排放量）也比其他化石燃料來得少，再加上再生能源無法迅速普及，這些因素都促成了天然氣產量的成長。

就現況而言，美國的非傳統天然氣產量大增，液化天然氣的產量也急速成長，但是天然氣的市場需求因經濟不景氣而下滑，使得全球的天然氣供需能力呈現過剩狀態。而這種情況，很有可能會比大多數人所預期的拖得更久。目前的實際過剩量是從二〇〇九年的 1,300 億 m^3 急遽增加到二〇一一年的 2,000 億 m^3，受此影響所致，進口天然氣的歐洲各個國家要求廢止原油價格連動機制的聲浪大起。特別是發電部門，由於天然氣價格下跌幅度超出預期，有可能造成天然氣需求量大增，國際能源總署所發表的報告也預測，全球天然氣的區域貿易量將會成長 80％，也就是從二〇〇八年的 6,700 億 m^3 增加至二〇三五年的 1.19 兆 m^3。此外，預計到了二〇三五年，全球天然氣的用途與使用量會有如下成長。

11）緻密地層天然氣（tight-gas）：封存在滲透率低於 0.1md 砂岩中的天然氣。
　　煤層氣（Coalbed Methane Gas）：吸附在煤炭層的甲烷。
　　頁岩氣（Shale Gas）：封存於滲透率比緻密地層天然氣還要低兩位數以上（低於 0.001md）的頁岩（泥岩的一種）中的天然氣（1md ＝ $9.87 \times 10^{-16}m^2$）。
12）1 兆立方呎＝ 283.2 億立方公尺（1 呎＝ 0.3048 公尺）。

- 發電用天然氣與二〇〇八年相比多出 60％，達到 5.1 兆 m^3（奪走燃煤火力的市場需求）。
- 產業用天然氣增加 70％，達到 1 兆 m^3（中國與中東的產量大幅成長）。
- 空調、熱水器所使用的天然氣增加 40％，超過 1 兆 m^3（受到中國興建大樓熱潮所影響）。
- 汽車（運輸）所使用的天然氣預計會增加八倍，達到 1,550 億 m^3。
- 微型汽電共生系統 [13] 的高能源效率與減少尖峰電力負載的效果，均是擴大天然氣需求的誘因。

在天然氣的供給方面，推測傳統天然氣將從二〇〇八年的 2.8 兆 m^3 成長至二〇三五年的 3.9 兆 m^3，非傳統天然氣會從二〇〇八年的 0.3 兆 m^3 激增至二〇三五年的 1.2 兆 m^3（其中緻密地層天然氣 0.31 兆 m^3、煤層氣 0.36 兆 m^3、頁岩氣 0.56 兆 m^3）。

至於各國的天然氣年產量排名，預估第一位將是俄羅斯（8,810 億 m^3），第二位是美國（7,790 億 m^3），第三位是中國（3,030 億 m^3）。儘管中國的產量龐大，但是也會擴大進口的需求。到了二〇三五年，傳統天然氣的供給量將由盛轉衰，反觀非傳統

13）微型汽電共生系統（micro-cogeneration）：以低於 10kW 的天然氣引擎發電機為主，利用天然氣發電以及供給熱水（利用排出的餘熱供應熱水）的裝置。可達到 70％以上的綜合熱效率。

天然氣的產量將不斷攀升。

同時，全球的天然氣貿易量也會擴大兩倍以上（約 1 兆 m³，占全球消耗量的 20％），其中半數是液化天然氣。而中國將成為液化天然氣最大進口國，所吸收的數量高達全球液化天然氣供應能力的三分之一。

國際能源總署的報告中，也考慮到三一一福島第一核電廠事故帶來的影響。報告中提到，由核能轉換至天然氣所增加的二氧化碳排放量，幾乎等於從煤炭、石油等燃料轉換至天然氣所減少的二氧化碳排放量。

以長遠的觀點來看能源的發展趨勢，氣候變遷與能源安全保障即成了須兩相權衡的重要議題，端看各國政府如何有效因應並採取行動。

3.1　差距懸殊的日美天然氣價格

想必讀者都知道，日本購買能源資源的價格高出其他國家甚多。不知各位讀者是否想過，日本以液化天然氣形式進口的天然氣價格，和美國國內的天然氣價格究竟相差多少？

從數字來看，二〇一〇年的價差為 2.5 倍，二〇一一年則增加到 3.7 倍。為什麼價格上會有如此大的差距？這樣的差距合理嗎？首先為各位說明其背景。

三種世界天然氣價格基準

全球的天然氣價格指標，基本上可分為美國的 Henry Hub、英國的 NBP 以及日本的 JLC 三種價格。

Henry Hub 指的是美國路易西安納州的天然氣輸送管線碼頭（天然氣接收站）。由於在此處進行交易的天然氣價格是美國國內的天然氣價格基準指標，因此稱為「Henry Hub 價格」。

NBP（National Balancing Point）價格是由倫敦的 Heren Energy Ltd. 公司所發表的歐洲天然氣價格。

至於日本的液化天然氣價格，絕大部分是與 JCC（Japan Crude Cocktail）價格連動。JCC 指的是日本所有進口原油的 CIF 平均價格（商品價格加上運費或海上貨物保險費的價格），JLC（Japan LNG Cocktail）則是指日本所有進口液化天然氣的 CIF 平均價格。

由於 JLC 與其他兩種價格指標的單位不同，因此與全球天然氣價格相比時，必須換算成同樣的熱量單位。一般來說，都是統一換算成百萬 BTU 的價格來比較。

圖 3-1 即是統一以美元／百萬 BTU 來表示三種天然氣價格。

出自「BP 統計 2011」的圖 3-1 是一九八四年到二〇一〇年這段期間，全球具代表性的天然氣價格指標 CIF 價格（換算為美元／百萬 BTU）年間平均值的變遷（將原油價格換算成天然氣價格時，燃燒 1 桶原油的熱量相當於 6 百萬 BTU，因此，假定 100.56 美元／桶，則相當於 16.76 美元／百萬 BTU）。

由此可知，二〇一〇年的平均值受到全球經濟不景氣的影響而下滑，相較於原油價格 13.47 美元／百萬 BTU，JLC 天然氣價格是 10.91 美元／百萬 BTU，NBP 天然氣價格則是 6.56 美元／百萬 BTU，Henry Hub 價格更是暴跌至 4.39 美元／百萬 BTU。

根據圖 3-1 所示，Henry Hub 價格下跌的原因除了頁岩氣的產量增加以外，美國「天然氣地產地消」的觀念也是拉低價格的一項因素。

總而言之，換算成熱量單位時，天然氣的交易價格比原油更為低廉。從圖示中也可看出一些端倪，亞洲市場以日本的 JLC 天然氣價格為最高。

造成日美天然氣價格差距懸殊的原因

為什麼日本 JLC 與美國 Henry Hub 價格之間的差距如此懸殊？產生價差的根本原因又是什麼？

其中可分成兩大因素。第一項，美國是依據天然氣市場的供需平衡來決定天然氣價格，日本則是與 JCC（所有進口原油的 CIF 平均價格）價格連動。第二項，美國與日本在供應天然氣的基礎設施上有差異。

美國的天然氣輸送網絡相當完善，對於供需變化的反應既迅速又靈敏。相形之下，日本將近 97％的天然氣都是以液化天然氣的形式進口，並且大多是與國外簽署長期購買合約進口至國內，因此無法像美國那樣透過管線輸送天然氣，並且依照市場供

図 3-1　　全球天然氣價格變遷

（美元／百萬BTU）

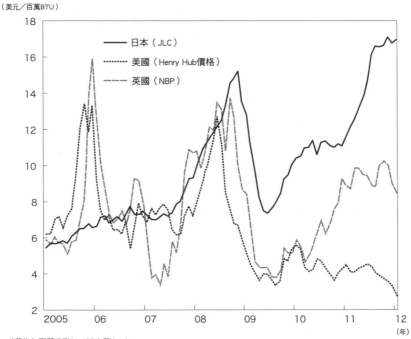

（單位）百萬 BTU ＝ 25.2 萬 kcal。
（出處）〈BP 統計 2011〉

需調整天然氣的價格。日本的液化天然氣基地數量雖然高居世界
第一，但是輸送天然氣的管線並沒有涵蓋全國，也沒有如同美國
Henry Hub 的天然氣集散地，當然無法建立由供需雙方決定價格
的天然氣公開交易市場。

　　相較於管線輸送的天然氣，液化天然氣除了本身的價格之
外，必須再加上液化成本、海上運輸成本與氣化成本，價格自然
居高不下。以二〇一〇年的平均價格來說，Henry Hub 價格為 4.39

美元／百萬 BTU，日本 JLC 的價格則是 10.91 美元／百萬 BTU，
兩者之間的差價竟然高達 6.52 美元／百萬 BTU（2.5 倍）。二〇
一一年，受到三一一福島核災過後迫切需要液化天然氣的影響，
使得 JLC 價格飆漲至 14.72 美元／百萬 BTU，相較之下，Henry
Hub 價格僅有 4.03 美元／百萬 BTU，兩者間的差額繼續擴大，
已達到 10.69 美元／百萬 BTU（3.7 倍）。到了二〇一二年，美、
日兩國的天然氣價格差距愈來愈懸殊，日本只得以全球最昂貴的
價格購買天然氣。

在這樣的情況下，要求廢止液化天然氣計價公式 [14] 與原油
價格連動的聲浪逐漸高漲。除了日本以外，歐美的天然氣買主之
間也反對與原油價格連動。如本書所詳述的，由於美國非傳統天
然氣中的頁岩氣產量大增，中東的卡達也已完成規模龐大的液化
天然氣輸送設備，在產量增加的情形下，勢必會使今後的天然氣
供過於求，不太可能拉近原油價格與天然氣價格之間的差距（以
上是買方所主張的言論，並非賣方的立場）。

歸根究柢，只要液化天然氣價格仍然與 JCC 價格連動，日本

14）液化天然氣計價公式、價格方程式（price formula）：亞太地區的液化天然氣價
　　格大多是依照購買合約中明定的計價公式（價格方程式）計算。包括韓國與台
　　灣在內的亞太地區液化天然氣價格，大部分是以日本進口的所有原油平均價格
　　（JCC：Japan Crude Cocktail）為基準，並與它連動。液化天然氣計價公式多
　　數是依據原油價格高低做一定的調整（S 曲線）。與原油價格連動程度，一般來
　　說有 80％會比原油價格的變動緩和一些，但近年來出現許多抑制因原油價格變
　　化而連動的程度。此外，計價指標除了原油以外，也有依據石油製品或電力價格
　　等，未來也有可能配合液化天然氣消費市場實際情況而發展出各種指標。

就只能以昂貴的價格購買能源資源。以長遠的觀點來看，目前已到了認真考慮是否另闢購買管道，建設「管線輸送網絡」基礎設施的時期了。

3.2 因福島核電廠事故而生變的日本能源問題

福島第一核電廠發生事故之後，日本產生了下列改變。

- 二〇一一年夏季，東京電力轄區內的電力嚴重不足。
- 以液化天然氣或石油為燃料的火力發電廠全面運作。
- 為支援火力發電廠全面運作，急需追加液化天然氣與石油數量。

在中長期願景方面，可整理如下。

- 美國引發的頁岩氣革命使天然氣的可採蘊藏量大增。
- 迎接全球性的天然氣時代。
- 核能安全法規的門檻提高，因而降低核能的成本競爭力。
- 全電化住宅實際上已不具市場吸引力，分散式電源技術的重要性相對提高。
- 以天然氣取代核能，問題不在於「是否可行」，而是「轉換的進度與程度」。

- 天然氣開採成本與價格提高的風險。
  - 受到北美頁岩氣革命的影響，歐洲展開天然氣長期購買合約的降價談判。
  - 受到中東、北非的局勢變化與投機客操作的影響，液化天然氣的價格競爭力有可能低於核能或煤炭、再生能源。
  - 澳洲興建天然氣儲運設備所帶來的勞動力短缺與成本增加問題。
  - 煤炭＋CCS（Carbon Capture and Sequestration）如何與再生能源的政策支援、天然氣價格高漲等問題取得平衡。
- 緩解天然氣價格高漲的相關措施。
  - 加拿大西岸與美國墨西哥灣岸興建液化天然氣出口廠。
  - 俄羅斯庫頁島的天然氣輸送管線計畫重啟。

　　在探討能源問題時必須先了解到，每一種能源均有其利弊。如果僅有「擁核（再啟）」與「廢核」兩種極端的意見，只會陷入價值觀對立的混戰中。雙方若是只提出對自己有益的佐證而罔顧經濟上的合理性，便無法提出適合全體國民的最佳方案。因此，不可受到論點薄弱的空談或是單純的意識形態爭論所影響，目前最需要的是以宏觀的角度洞悉現在與未來，畫出永續經營的最佳藍圖。

3.3　解決能源爭議所需的觀點

有關能源方面的爭議，我想在此平心而論提出一些見解。

工業革命之後帶動人口爆炸，進而使能源消耗量遽增，在這樣的環境下，能夠讓人們享有完善的公共衛生基礎建設以及豐衣足食的乾淨生活，全賴「能源產出投入比（energy output / energy input）」高的化石燃料所賜。以「能源產出投入比」來看，石油與天然氣可達到二十倍至一百倍，遠遠超出三十倍的煤炭、二十倍的核能，以及五倍至二十倍的風力或太陽能等再生能源。

另一方面，使用化石燃料時，確實須面對二氧化碳排放與資源量耗盡等問題。以下所提出的是「有關能源爭議的十項觀點」（石井彰根據加拿大能源經濟學家 Peter Tertzakian 的論點重新整理），藉此驗證石油與天然氣既是符合安全與環境保全方面的要求，同時也是具有經濟合理性的能源。

i. 人口與能源的關係密不可分，實為一體兩面

當人類開始使用石油、煤炭這類能源效率極高的化石燃料取代再生能源（如水力、風力等）後，人口死亡率下降、公共衛生基礎建設的品質提升，人們也得以過著豐衣足食的乾淨生活，甚至還能從全球各地採買糧食。結果也使得人口成長了八倍，能源消耗量更是暴增三十倍。

ii. 最重要的是能源產出投入比

本節已開宗明義提到。

iii. 半數以上的能源需求全部用來「製造物品」

為了生產食物、基礎材料、製造機械、耐久消費材等所消耗的能源，如果加上運輸費用，便占了全體能源消耗量的三分之二。一般人所想到的能源消費──例如自家車或家電、冷暖氣機，僅占所有能源消耗量的一小部分。

iv. 發電只是能源需求的一小部分

必須注意的是，電力需求僅占該國能源需求的一小部分。例如日本 25％，歐盟 20％。

v. 家庭能源消費只占全體能源需求的10％

家庭用電力所占的比例不到全體電力需求的 30％，至於家庭的能源消費，也只占全體能源需求的 10％。因此，以家庭能源需求的觀點探討能源問題，只能說是「只見樹木，不見森林」。

vi. 各種化石燃料之間也有極大差異（可開採年數 、二氧化碳排放量）

大部分能源相關人士對於化石燃料的可採年數，均認為煤炭有 130 年、石油還有 45 年。過去認為天然氣只能再開採 60 年，如今石油、天然氣開採方面的專家則主張「還可開採 160 年至 400 年」。兩百年來，人們對於化石燃料資源始終維持悲觀論的

看法，但這些都是錯誤的論調。一九五〇年代，美國著名石油地質學家M.K.Hubbert曾經提出「石油頂峰」（peak oil）論，認為「原油的生產受限於資源量」，但是油價上漲與技術提升會擴大開採的能力，因此沒有必要對資源抱著悲觀的態度。

vii. 節能首重有效利用率（天然氣複循環〔combined cycle〕發電、利用排熱、燃料電池）

由於技術提升，使得天然氣複循環發電的發電效率比傳統燃煤火力發電增加50％，約達到60％，二氧化碳排放量也減少了60％以上。與太陽能發電等其他替代能源相比，天然氣複循環發電的成本僅增加一小部分，發電設備所占的空間也不大，因此大都會地區應該會積極引進。此外，利用排熱或燃料電池的分散型發電系統，節能效果也相當不錯。

viii. 輸出功率穩定也很重要

無法在必要時候提供需要能量（電力）的能源（電力），經濟價值相對低落。日本太陽能發電的年平均產能利用率，僅是規格所載發電能力的12％而已。由於太陽能發電需要附加蓄電池設備，因此降低了能源產出投入比。製造鋰電池等節能產品時，便需要大量的化石燃料（電力）。

ix. 價格與成本不可混為一談（兩者有極大差異）

在政府的政策之下，德國收取的電費價格高出電力公司買進價格的數倍之多，用以補助發展太陽能等再生能源。以實際成本

來看，太陽能發電的成本幾乎是核能或火力發電的五倍。電費與買進價格的差價、以及政府補助金，最後還是由消費者、納稅人負擔。

另一方面，全球原油平均生產的成本每桶低於 20 美元，低廉的成本與原油價格之間的差額為產油國帶來莫大利益，「大發橫財」的產油國得以從工業國與農業國進口龐大的生活物資（工業國及農業國的經濟也因此受惠，由此可對世界經濟窺見一斑）。如果只以消費者價格探討能源問題，根本毫無意義可言。

x. 除了國內的能源需求以外，也須從國外進口物資

舉例來說，中國的能源消耗量有 30％是用來製造出口至日本等國家的產品。至於北歐農業小國，儘管國內的天然資源足以提供部分的電力需求，仍然需要進口大量工業產品維持生活所需。如果考慮到這一點，便能大幅降低能源需求的比率。

在此列表比較各種化石燃料的單位熱量二氧化碳排放量（表3-1）。

若是以表 3-1 的數據為前提，將二氧化碳價格與天然氣價格列為變數，比較各種能源在發電上的損益情形，如圖 3-2 所示，在各國的二氧化碳價格與天然氣價格之下，應該可以了解到，哪一種能源在發電上具有競爭力吧？

美國最近因為頁岩氣革命的關係而使天然氣價格下滑，但是

表 3-1　比較各種燃料的單位熱量二氧化碳排放量

煤炭	石油	天然氣	生物乙醇 （Biomass Ethanol） （美國）
100	80	55	40 ～ 60

圖 3-2　二氧化碳與天然氣的價格競爭力

前提是先進國家沒有政策偏差的情形

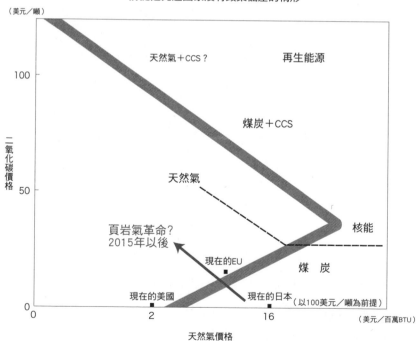

（注）CCS：Carbon Capture and Sequestration，二氧化碳捕獲與封存。
（出處）大幅修正 Booz & Co. 的圖。

相較於核能或燃煤火力發電，天然氣發電仍是極具優勢的發電方式。

以歐盟而言，如果天然氣價格比現在低，或是二氧化碳價格比現在高，則天然氣發電比燃煤火力發電更具優勢。天然氣價格若是上漲（或是二氧化碳價格下跌），便換成燃煤火力發電比天然氣發電更有利。不過，就目前來看，二氧化碳價格似乎很難下跌。日本的情形又是如何？

日本的天然氣進口價格高達 16 美元／百萬 BTU，顯得燃煤火力的經濟合理性更高。在高呼「廢核」的聲浪下，愈來愈多電力相關人士開始重視「燃煤火力＋ CCS」。

日本如果能搭上美國掀起的頁岩氣革命熱潮，在二〇一〇年代後期以液化天然氣的形式進口頁岩氣，應該也能安心在發電領域進行「天然氣能源轉換」吧。

在二氧化碳減排方面，目前缺少了一根能變出其他能源取代核能的魔杖，為了實現低碳社會，仍須面對許多難以解決的問題。但是頁岩氣的出現拓展了能源活用的空間，可謂意義重大。

3.4 無法成為發電主力的再生能源

太陽能發電、風力發電無法成為發電主力

受到二〇一一年福島第一核電廠事故的影響，探討日本未來

能源趨勢的話題甚囂塵上。其中不乏主張今後應該逐步廢核，轉而以太陽能發電、風力發電等再生能源取代核能，甚至從長期觀點來看，也不應該再繼續使用化石燃料。由於這些論調淺顯易懂，因此在一般大眾或媒體、部落格之間大受歡迎。但是，我們必須深思，這項論點是否有一套具體實現的藍圖。為探討這個問題，必須要參考能源發展的歷史與各項觀點。

第一次石油危機發生後，物理學家艾默立‧羅文斯（Amory B. Lovins）在一九七七年即表示，「到了二〇一二年左右，可能有 70％的能源是來自再生能源（Soft Technologies）」，並且撰寫了《柔性能源政策》（*Soft Energy Path*）一書，風靡的程度猶如現今最熱門的能源論述。當時的日本媒體無不熱烈討論《柔性能源政策》，對它的期待就像今日對太陽能發電與風力發電寄與厚望一樣。

然而，羅文斯當年在《柔性能源政策》一書中提到的論點，絕大多數根本無法在三十五年後的今天實現。目前歐洲各國對於再生能源的遠景與目標，感覺就像能源方面誇張不實的「官方說法」，與羅文斯當年提出論調的情景如出一轍，儘管在當代十分熱門，如今卻幾乎從人們的記憶中淡出；而日本依然將歐洲發展再生能源的藍圖奉為「值得效法的典範」，再次大肆介紹。不僅如此，甚至連實現遠景與目標的時間軸也與《柔性能源政策》所規畫的一樣，同樣是距今十八年至三十八年後，也就是預計在二〇三〇年至二〇五〇年期間達成目前難以實現的願景。

在能源發展路途上，有不少備受看好的項目長久以來在規模龐大的政策與財政背書下大力發展，到最後都徒勞無功。從這點來看，簡直與日本的地震預警技術毫無二致。儘管許多專家都表示，原則上不可能有效預測地震，但是世人依舊抱持高度期待，繼續投注資金支援研究開發。雖然地震預警技術研發成功的可能性微乎其微，不過它的研究經費僅占國內生產毛額（GDP）的一小部分，幾乎不會造成經濟上的負擔，因此還是抱著「明知不可而為之」的心態持續研發工作。

日本於二〇一二年夏天開始實施「再生能源全量固定價格收購制度」，這項制度所透露出的重大訊息，即是「大規模引進再生能源會造成經濟社會極大的負擔」，不顧一切執意進行，或者到最後無法達成目標，都會為經濟社會帶來莫大損失。

因此，在探討這些發展藍圖是否可行時，必須先從歷史與根本原理加以驗證。當時備受世界推崇的《柔性能源政策》，為什麼時至今日仍難以實現？原因便是對於能源在現代社會的定位，缺乏深刻的洞察力。

舉例而言，除了庭院的花草樹木以外，生活在都會的人們觸目所及的一切，全都是投注大量能源製造出來的人工產物。例如啟動汽車、電車、電梯時所需的動力，以及使用冷暖氣機、燈光照明、廚房設施、衛浴等設備，甚至上下水道與垃圾、廢棄物的處理，都需要投入大量能源。不論是日本或全世界，現代能源的需求有一大半均用來製造產品（包括生產食物）與運輸產品上，

家庭的能源需求僅占整體的 10％而已。相較於工業革命之前仰賴自然能源即可維生的社會，如今全球人口已衝破七十億大關，比起過去暴增十倍以上，往後如果缺乏廉價、大量且穩定的能源，世界總人口數 50％以上、先進國家 80％以上的人口根本無法繼續維持現代都會生活。

從最終能源需求來看，電力僅占 20 至 25 ％，其餘 75 至 80％的能源需求幾乎是直接使用化石燃料。其中日本的電力需求達到 25％，已是先進國家中最高的。而這僅占最終能源需求 25％的電力，有三分之二是從化石燃料火力發電所產生的。至於核能發電，如果沒有發生福島第一核電廠的嚴重事故，也沒有長期儲存核廢料問題的話，核能其實與化石燃料同樣都是發電效率高且能大量穩定提供的能源，讓擁有龐大人口的現代文明得以延續。

就結論而言，十八世紀發生於英國的工業革命，最大的成果便是「廉價的基礎物資大量生產與普及」、「蒸汽船與鐵路帶來運輸革命」，人類因此得以過著豐衣足食、乾淨衛生的生活，不僅世界人口暴增十倍以上，平均壽命也延長兩倍以上。這是人類史上首次大量使用煤炭這種效率高又廉價的化石燃料，過去所使用的木柴、木炭等再生燃料根本無法與之相比。

在工業革命大量使用煤炭之前，人類的能源主要來自木柴、木炭與牛、馬（牛、馬以草為食）、水車，幾乎都是可再生的能源。由於風車的效率及穩定性不如水車，因此僅盛行於荷蘭這類低溼

或乾燥地區。現代的水車則是廣泛運用在水力發電上,大量利用的結果,甚至引發大規模破壞河川環境與地域生態等問題。

即便是擁有豐沛水資源的日本,目前水力發電占全體發電量的比率也只不過 8%。大眾媒體在談論能源問題時,開場白總是「日本缺乏天然資源」,但這種聳動言辭只能算是一半的真理。日本其實是世界上水力發電資源最豐富的國家,可是一般人並沒有這種基本概念,反而提出許多謬論,諸如「再生能源爭議」、「日本是再生能源落後國家」等等。水力發電雖然是所有再生能源中最優質的能源,但是在全球整體能源使用量中僅占 2.4%,在日本也只有 2%而已(日本的電力需求占能源使用量的 25%)。

三一一福島核災之後,大眾媒體及網路均大肆宣揚風力發電的優點,不過以發電原理來看,水力發電比風力發電穩定;從成本的角度來看,水力發電也是極為優質的再生能源發電系統。若是再考慮到水力發電的占有率(全體發電量約 8%、抽蓄發電約 1%除外),應該可以大致掌握到風力發電將來究竟能有多少貢獻。

就歷史而言,一九三〇年代,美國中西部農村地帶的風力發電設備曾經高達數十萬座,廣泛運用在汲取井水的幫浦以及冰箱的電源。由於農村地帶地廣人稀,即使是相鄰的農家,彼此間的距離也動輒好幾公里,在這樣的環境下,大型發電廠也難以在這片廣大的土地鋪設輸電線網,因此每戶農家普遍自行架設風力發

電設備。當時的大型風力發電設備高達 50 公尺以上，發電量約 2,500kW，規模與現代最大等級的設備所差無幾，而且農村地帶的強風日數是日本的好幾倍，產能利用率也高達 40％。

但是風力發電的輸出功率不穩定，造成了使用上的不便。自從電力公司（大型燃煤火力發電廠）響應羅斯福總統提出的「新政」（New Deal），將廉價而穩定的輸電線網鋪設到農村地帶，風力發電便在一九五〇年代之後銷聲匿跡。現代由於技術革新的關係，多少降低了風力發電的成本，可是輸出功率不穩定以及高成本等缺點，仍然與過去無異。

另一方面，太陽能發電的研發歷史相當漫長。始於一九五〇年代，原本是為了宇宙開發與軍事目的而研發，直至一九七〇年代接連遭逢石油危機，才加速太陽能發電在民生使用上的研發腳步。日本也在一九八〇年代推出「陽光計畫」（Sunshine Project）全力投注研發，但是至今仍須仰賴資金補助，無法全面普及。過程中，為了提升太陽能電池的轉換效率，反而花了大筆經費在研發太陽能電池，因而產生能源產出投入比愈來愈低，成本卻不斷增加的「抵換」（Trade-off）關係，同時在技術層面上也開始出現瓶頸。除此之外，太陽能發電的成本不僅遠遠超出風力發電，供應量也不穩定，在日本的年平均產能利用率甚至只有規格所載發電能力的 12％ 而已。太陽能發電在夜間完全無法作用，輸出功率也會因為時間和天氣而有極大落差。這些是原理上難以控制的因素，只能期望未來在技術上有所突破了。

　　近年來由於中國製品大量傾銷以及大量生產的關係，太陽能電池的價格在這數年間已大幅下跌，不過目前每度電的成本仍是一般火力發電的四至五倍，如果為了供電穩定而加裝鋰蓄電池，成本立刻又加倍。原因是一般人都忽略蓄電池在製造過程中對環境的負荷，二氧化碳的排放量也相當高。

　　德國是全世界最積極引進太陽能發電的國家，拜補助政策所賜，由政府高價收購太陽能生產的電力，使得德國自製的太陽能電池設置數量急速成長。但是最近兩三年，全體太陽能電池中有 80％改用廉價的中國製品，德國「綠色新政」（Green New Deal）所帶來的經濟效益因此變得微乎其微。

　　德國至今已投注了約 10 兆日圓的資金研發太陽能發電，但是目前太陽能發電僅占整體發電量的 1 至 2％，在整體能源消耗量的比率也只有 0.2 至 0.4％。德國的能源發電量中，42％均來自會排放出大量二氧化碳的煤炭，理由就是煤炭的發電成本低廉。德國的電力業者為配合政府的政策不得不引進發電成本高的再生能源，為了平衡帳目，只得再另行採用成本低廉的煤炭。如果政府將來持續以資金補助的方式引進再生能源，根本不用奢望太陽能發電的成本總有一天會大幅降低。

　　西班牙採用比德國更高價格收購的「固定價格收購制度」，使得市場需求暴增，國民紛紛架設太陽能電池板，但是光憑國民繳納的電費難以彌補龐大的支出，因此後來大幅調漲國民的補助上限，這也是造成西班牙財政惡化的主因之一。

　　由以上可知，能源政策不可流於論點薄弱的空談或是單純的意識形態爭論，必須掌握能源發展全貌才能制定最佳方案，否則一切都毫無意義。

造成生態環境極大負擔的再生能源

　　大眾媒體幾乎沒有意識到最重要的一點：這些再生能源的輸出功率對生態系的衝擊相當大。除了地熱發電之外，其他所有再生能源在地表面積的能量密度非常低，因此直接或間接利用太陽能電池，必然會造成地表面積的輸出功率，也就是「輸出功率密度」相當低。

　　舉例來說，相較於輸出功率密度最高的最新型天然氣複循環發電廠，如果要利用太陽能發電得到相同的電力量值，便需要約三千倍的廣大土地面積緊密鋪設太陽能電池板。巨型太陽能發電站若是採用這種方式，這一整片鋪設太陽能電池板底下的所有植物會因為照不到陽光而枯死，依靠這些植物存活的動物也會缺乏食物來源而全部死亡，這片土地的保水力因此大幅降低，當大雨一來，立刻引發洪水。換句話說，儘管太陽能發電幾乎不會排放出二氧化碳，它還是大幅破壞了自然生態系。假設可利用休耕田設置太陽能發電設備，但是這些休耕田就算無助於生產稻米等商品作物，也能讓草木生長，為人類提供最低限度的淨化作用，並且具有緩和溫度變化、保水作用等生態系的機能。因此，一旦利用休耕田，勢必會造成大規模的破壞。

　　像日本這種人口密度高的地方，太陽能電池板只能設置在屋頂或大樓頂樓、舊工地等不會破壞自然環境的場所。即使日本全國努力推廣，這些有限的太陽能電力也只能取代一、二座核電廠而已。

　　風力發電對生態環境的破壞，雖然不至於像巨型太陽能發電站那樣直接且破壞力強大，但是它所占的面積是太陽能發電設備的數倍，再加上運轉時所產生的低頻噪音會影響人畜的健康，因此風力發電設備周邊的土地利用限制十分嚴格。此外，為了穩定風力發電的輸出功率，必須架設集電電纜連結四散在各地的風力發電機，往往為了建設一座集電電纜，便得砍伐長達數十公尺的廣大森林。日本的國土有 67％是森林傾斜地，因此幾乎無法在都市圈或內陸找到適合設置大規模風力發電設備的場所，只能大規模設置在偏僻的海岸地帶。而日本除了北海道與東北太平洋海岸以外，也找不到其他風況佳、人口密度低的地方了。

　　為什麼工業革命會使用煤炭？隨著英國與西歐的人口以及煉鐵業、窯業等產業的擴大，過度使用木柴、木炭等燃料資源的結果，使得森林在十七世紀遭到大舉破壞，木柴、木炭的價格因此暴漲，只好改用過去棄之不用的骯髒煤炭。

　　煤炭就這樣在「歪打正著」的情況下成就了工業革命。當時英國的森林幾乎被砍伐殆盡，由於開始使用煤炭的緣故，才使森林有機會復甦。從美索不達米亞、印度河流域（Indus），到復活島，這些古文明都是因為大量使用木柴、木炭等再生能源，不惜

破壞大片森林而導致滅亡，而這種例子在歷史上不勝枚舉。因此，就歷史的觀點來說，大量使用再生能源必定會造成嚴重破壞環境的結果。鮮為人知的是，當年的西歐幾乎踏上古文明的後塵，在開始使用煤炭之前，離沙漠化的危機只有一步之遙。由此可知，煤炭不僅將英國與西歐從沙漠化邊緣拯救出來，同時也催生了工業革命，帶動人口爆炸與延長平均壽命，並且提高了人類的生活品質。

人口稠密地區的再生能源比率不可過高

再生能源占一次能源供給比例較高的國家，通常是人口密度低，可供利用的土地相對較多的國家，而這些國家的電費也比日本高出甚多。舉例來說，由於瑞典的再生能源使用比例高，屢屢成為借鏡的對象；但是它的人口密度只有日本的十七分之一，假設日本的人口數與瑞典差不多，估計日本現有的水力發電便能達到整體電力需求的 1.5 倍。

此外，丹麥的再生能源中，風力發電即占發電量的 20％。儘管市占率高居世界第一，但是也會從鄰近國家的廣域電力網進口輸出功率穩定的備用電力，例如挪威與瑞典的水力發電，波蘭的燃煤火力發電等。而丹麥國內為了尋求廉價、穩定的電力，也不得不大量依賴煤炭，因此實質上並沒有達到二氧化碳減排的效果。德國也是如此，因為電費比日本還昂貴，產業界只得向法國進口廉價的核能電力。

3.5 解決日本能源問題的方向

能源供應業者須主動參與節能

如前所述，從歷史脈絡可得知，再生能源絕不可能取代大部分的核能與化石燃料，除了利用間伐材（編按：森林中林木生長過密時，反而會影響樹木生長和其根部的抓地力，提升天災發生機率。為防止此狀況發生，必須將樹幹直徑較小的樹木砍除，此種樹木即「間伐材」）與垃圾、廢棄物之外，大量使用再生能源對環境的影響並不樂觀。

然而，當前絕不容許再次發生嚴重的輻射污染事故，二氧化碳減排也是國際社會間責無旁貸的長期目標，每一項抉擇都必須步步為營。

有關今後的能源選項，每一項都有其缺點，唯有不斷嘗試錯誤，才能利用有限的選項創造最大贏面，將各方面的風險降到最低。

其中最有幫助的，便是能源供應業者主動參與節能。理由是能源的最終需求者使用能源來發電的比例僅占 25％，而能源供應業者的電力化率（Electrification Rate）則是達到 45％，兩者之間的損耗差距高達 20％，確實存在頗大的節能空間。

在節能技術中扮演重要角色的，就是運用複循環等技術的高效能最新型天然氣發電設備。利用這項發電技術，可使目前占發

電最大宗的火力發電效率，從目前的平均 40％以下大幅提升至 60％以上。前面也提到，最新型的複循環發電系統最多可削減三分之二的二氧化碳排放量。

再者，電力占最終能源需求的 25％，其餘 75％幾乎都是直接使用化石燃料，如果要將這兩者在實際需求上達成共識，除了要求發電部門「部分最佳化」之外，也必須妥善運用廢熱發電（有效利用排熱的分散型發電模式），使能源使用上達到「整體最佳化」的目的。以同樣的二氧化碳排放量而言，透過這種方式可多出二至三倍的發電量，從這一點來看，確實有可能代替核能發電。這種方式也不必大幅依賴政府的補助金，又能以最低的成本將二氧化碳排放量對環境的衝擊降至最小，且能及早減輕問題，也許是未來二十年間最可行的方案吧。如果不想辦法利用再生能源來解決尚未達到二氧化碳義務減排量，實在很難強迫人使用成本高昂又不易應用的「再生能源」。

如果本末倒置，耗費鉅額補助金無視後果全力發展再生能源，不僅日本的經濟勢必出現危機，日本的自然生態環境也會遭受難以彌補的破壞。

如第一章所提到的，根據國際能源總署在去年（二〇一一年）發表的「天然氣黃金期報告」顯示，拜頁岩氣革命等因素所賜，化石燃料的蘊藏量，尤其是天然氣的可採蘊藏量未來至少還可開採 160 年。

站在專事石油探勘研究的技術人員立場，我可以說：「未來

一百年內毋需擔心化石燃料資源會枯竭。」這絕非誇大其詞。

想要解決文明與資源並存這兩個本質上相互矛盾的問題，如今已有充分的時間徹底思考，應當能減輕兩者與環境之間的矛盾。

天然氣為化石燃料中的資優生

天然氣是化石燃料中熱量最高且最具經濟效益的燃料。由於天然氣比空氣輕，容易擴散在空氣中，因此安全性極佳。在同樣一公斤重的條件下比較各種化石燃料的熱值，煤炭（進口的一般煤炭：火力發電燃料用）的熱值為 6,139kcal ／ kg；比重 0.86 的標準原油熱值為 10,611 kcal ／ kg；相較之下，天然氣則是 13,043 kcal ／ kg。換句話說，相同重量的煤炭：原油：天然氣的熱值比為 1.00：1.73：2.12，由此可知，天然氣是絕佳的燃料。

天然氣的優異能源效率來自含量豐富的氫氣，因此擁有極高的熱值與燃燒溫度，適合用作能源的傳遞（以瀑布形式有效利用高溫熱流的系統）。碳氫化合物中，氫的含量愈高，熱值也愈大，如天然氣（主要成分為 CH_4）。若是比較各種燃料的 H ／ C，從木材：煤炭：石油：天然氣＝ 1 ／ 10：1 ／ 1：2 ／ 1：4 ／ 1 依序遞增的情形來看，天然氣（甲烷）即是化石燃料中的高能量資源。

然而，天然氣也有缺點。由於天然氣在輸送與儲存上的難度較石油高，因此開發初期僅限於生產地鄰近地區使用，或者利

用輸送管線運送至遙遠的陸域。直到一九六〇年代中期，才開始採用超低溫冷凍的方式，將天然氣主要成分的甲烷降溫至零下162℃予以液化成為液化天然氣，再利用特殊的儲槽運送到遠方的海外各國。

日本自一九六九年從阿拉斯加進口液化天然氣以來，使用液化天然氣的歷史已長達四十三年。二〇〇九年的全球整體天然氣商業生產量為 105.4 兆立方呎，其中 71％由天然氣生產國自行消費，國際貿易量僅占 29％。而國際貿易量中的 72％是透過輸送管線運送，28％則是透過液化天然氣儲槽。其液化天然氣數量為一年 1 億 7,850 萬噸（天然氣數量為 8.57 兆立方呎），僅占全球整體天然氣商業生產量的 8.1％，規模相當小。儘管亞洲、大洋洲地區也蘊藏豐富的天然氣資源，但是輸送管線的基礎建設仍然未臻完善。

二〇〇九年共有十八個液化天然氣出口國。排名第一的是卡達 20.4％、第二是馬來西亞 12.2％、第三是印尼 10.7％、第四是澳洲 10.0％、第五是阿爾及利亞 8.6％、第六是千里達及托巴哥共和國 8.1％。另一方面，液化天然氣進口國共有二十二個國家，以日本的 35.4％高居第一，第二是韓國 14.1％、第三是西班牙 11.1％、第四是法國 5.4％、第五是美國 5.3％、第六是印度 5.2％、第七則是台灣 5.0％，日本的進口數量遠遠超出其他國家。

就日本而言，由於 97％的天然氣是以液化天然氣的形式進口，二氧化碳與氮氣、硫化氫等不純物質已在天然氣生產現場分

離及廢棄，進口至國內的是經過液化處理的純淨甲烷，因此使用的可說是不會危害地球環境的燃料。

圖 3-3 是以公克為單位比較日本各種電力的二氧化碳排放量原單位（每發電 1kWh 的二氧化碳排放量）。如圖所示，為得到 1kWh 的電力，燃煤火力發電所排放出來的二氧化碳量為 975 公克、石油火力發電為 742 公克、一般的液化天然氣火力發電則是 608 公克。由此可知，想要減少二氧化碳排放量，最好的做法是從煤炭或石油火力發電轉至液化天然氣火力發電。

圖 3-3　日本各種電力的二氧化碳排放量原單位的比較

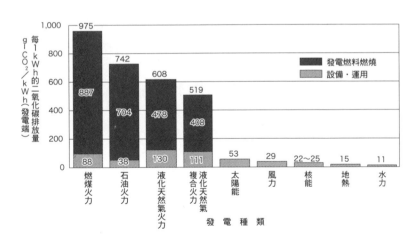

（注）計算二氧化碳排放量時，除了發電時燃燒的燃料以外，也必需將燃料從開採到建造發電設備等設施、燃料輸送、精製、運用、儲存等過程中所消耗的所有能源計算在內（Life Cycle Assessment）。
　　計算核能的二氧化碳排放量時，須將現行計畫中使用過核子燃料經過日本國內再處理程序、利用鈽熱中子（Pu-thermal）輕水反應器（以一次回收再利用為前提）再循環、高放射性廢棄物處置等計算在內。
（出處）參考日本電力中央研究所（CRIEPI）報告書等資料。

從廢核轉向天然氣發電的必然性

想要達到填補核電空缺的目的，其中大部分可以採用大型的天然氣複循環發電系統，推動分散型的天然氣發電與節能也是重要的一環。

除此之外，在思考日本未來的能源策略時，首要條件便是掌握天然氣市場的動向。

有些現學現賣的能源評論家把天然氣當作與石油、煤炭同樣的化石燃料混為一談，不去了解再生能源的成本、穩定性以及可供給量，大肆吹捧再生能源，也難免遭譏嘲認知不足。

以下列舉出思考今後日本能源策略的五項重要觀點以及各項關鍵項目。

■1 天然氣的成本與利用價值：廢核的「王牌」是什麼？

- 三一一福島核災。
- 發電成本。
- 可供電量。
- 利用價值的判斷基準。
- 重新評估能源基本計畫。
- 天然氣極惡說的謊言。
- 德國能源政策報導的企圖。
- 全量固定價格收購制度（Feed-in Tariff，FIT）。

2 天然氣的「地緣政治學」：
天然氣的特性與現代的地緣政治學

- 可採年數。
- 剩餘確定可採蘊藏量。
- 成熟市場中的石油。
- 天然氣的議價交易。

3 非傳統天然氣革命：頁岩氣革命與革命後的世界

- 美國從天然氣進口國變成出口國。
- 技術革新。
- 美國引發的液化天然氣連鎖反應。
- 天然氣的頂尖業務。

4 日本與世界在過去及當前的能源戰略：「天然氣能源轉換」
進行式與日本企業的商機

- 確保「多元化」。
- 談判能力（Bargaining Power）。
- 日本首次規畫的國際輸送管線已成泡影。
- 跟不上液化天然氣市場全球化腳步的日本。
- 日本企業的實力：液化天然氣開發公司、液化天然氣設備公司、液化天然氣火力發電技術、燃料電池、風力發電、智慧電網（Smart Grid）、綠能環保屋（Eco House）。

5 **未來應有的「以天然氣為主軸的能源戰略形貌」：今後的能源供需。全球及日本的方向？「如何以低廉成本削減二氧化碳排放量？」**

- 節能所削減的二氧化碳排放量比再生能源更多：供給業者的節能效果。
- 智慧型社區（Smart Community）克服廢熱發電（cogeneration）的缺點。
- 舉世聞名的「日本經驗」所面臨的挑戰。

當然，天然氣本身也有幾項缺點。但是只要補足缺點，就能得到超出預期的好處，往後不管是在政策上或商業上，其重要性只會有增無減。日本政府與產業界如果能以正面的態度看待「非傳統天然氣革命」，相信在不久的將來，即可將天然氣視作能源的主要來源。

根據前面所提到的關鍵項目，以下列出幾項思考如何解決日本能源問題時更須注意的課題。

不易提供穩定低廉能源的問題

▶即使原油與天然氣價格飆漲的複合危機衝擊日本經濟，天然氣仍然是能源的救星。

　　二○一一年，日本相隔三十一年首次出現貿易逆差。大部分原因是來自原油與液化天然氣的進口金額增加。從前年起增加了3兆3,000億日圓（原油2兆日圓、液化天然氣1兆3,000億日圓），貿易逆差額也在二○一一年達到2兆5,000億日圓。

　　另一方面，伊朗揚言封鎖的霍爾木茲海峽（Strait of Hormuz）是最大的石油海運要衝，一天的輸送量高達全球原油每日輸送量3,800萬桶的44％，也就是1,700萬桶。而日本進口的原油371.7萬桶／日（二○一○年）中，有80％須通過霍爾木茲海峽。同樣須經過這條運輸航道的還有22％的液化天然氣（卡達15％、阿拉伯聯合大公國7％）。在這樣的情況下，日本的原油儲備天數達到兩百天，但是液化天然氣的庫存僅有兩個星期。

　　接下來從西德州中級原油（West Texas Intermediate，簡稱WTI）價格的變遷觀察原油價格上漲的原因。隨著二○○一年美國資訊通信產業（IT）泡沫化造成經濟衰退，商品基金等（Commodities Fund）投機資金（年金基金或避險基金〔Hedge Fund〕）大舉從股市、債券市場湧入原油市場，於此同時，美國在二○○二年三月宣布與伊拉克開戰。此後，由於中國在二○○五年相繼發生多起煤礦事故，使得國內對煤炭的需求急增，再加上二○○七年美國的次級房貸問題（Subprime Mortgage Mess）愈演愈烈，直到二○○八年九月發生雷曼衝擊之前，原油價格已攀升到1桶147美元，創下歷史新高。

　　照道理說，石油價格本來就會因為供需動向、儲備多寡、石

油輸出國家組織（OPEC）的剩餘生產力、美國景氣與經濟指標、世界經濟成長率、新興國家需求成長率等因素而變動。但是全球石油的供需在二〇〇〇年以後並不吃緊，主要是受到地緣政治的風險以及投機資金（占原油期貨市場的九成）將它當作投機項目的影響所牽累。事實上，不少投機客將霍爾木茲海峽問題當成炒作石油價格的契機，即便是衝突期間短暫，也會造成原油市況大幅動盪。如今的石油價格已出現逆轉現象，不再是由實體經濟決定價格，而是考驗全球景氣是否能承受投機資金炒作出來的天價。大部分石油市場專家均表示，較能反映出實際需求的價格應該是在 60 美元／桶左右。

中東的原油蘊藏量占全球整體的 55 ％，生產量則是占 30 ％。杜拜原油雖然是三個國際原油市場（西德州中級原油〔WTI〕、北海布蘭特〔Brent〕、杜拜）中品質最差、原油回收率也最低的重質油，但依然是亞洲的原油價格指標。對日本來說，如果以低價進口硫磺成分較高的中東產原油尚可接受，可是現在受到頁岩氣以及中東局勢的影響，不得不持續以高出 WTI 價格一成以上的不合理油價進口品質差的杜拜原油。

為避免日本因高價購買資源而流失國家財富，有必要探尋各項可能的選項，考慮進口北美生產的液化天然氣，或者與俄羅斯磋商興建跨國天然氣管線等。除此之外，也可透過改善制度的方式，例如改訂液化天然氣與原油價格連動的定價機制，或是重新檢視燃料費調整制度，讓業者享有便宜買進資源的好處。為達到

這項目標，須全盤檢討電力、天然氣公司形成區域性獨佔的情形。

若是以長遠的時間軸來看，也必須確保自有的天然氣田權益。如此一來，即使液化天然氣的價格上漲，也能從上游權益中獲益，降低實際採購價格。

另一方面，電業界始終以貿易收支呈現逆差為由，力促早日重啟核能。原本目空一切採取總計電費方式（total cost）計價的電業界，面對當前不得不以液化天然氣火力發電為發電主力（40％）的現況，也必須以中長期的觀點多方尋求液化天然氣的供應方。美國自從頁岩氣躍登能源舞台後，天然氣大致呈現自給自足的狀態，使得多處液化天然氣接收站閒置，對這些業者來說，附設液化天然氣出貨設備即是攸關接收站存廢的問題。至於負責整建港口與液化設備工程的公司，主要是由美國的 KBR（NYSE：KBR）以及日本的日揮、千代田化工建設展開激烈的競爭。

針對持續廢核的問題，亦出現另一種構想，即是以「對外輸出電力」為由讓現存的核電廠繼續運作賺取電費。總而言之，如何策定確保能源穩定的經濟策略已是刻不容緩。

於此同時，頁岩氣的出現重整了全球天然氣的供需結構，並且侵蝕著煤炭、核能、再生能源的版圖。換句話說，頁岩氣足可稱為能源救星了。

▶已有成熟市場的石油、採取議價交易的天然氣

由於原油、石油產品的全球市場流動性非常高，一旦供需情

況出現些微變化，投機資金就會湧入（公開）市場，使價格大幅波動。原油交易約有四成屬於現貨契約（短期少量購買），所以全球的石油消費國不必擔心採購不到所需的原油，但是卻容易受到價格變動的影響。如今的原油市場，已是全球一體化的成熟市場，也因此投機資金才會在美國紐約商業交易所（NYMEX）以及英國倫敦洲際交易所（ICE）這類將石油當作金融商品的市場裡，每天大玩金錢遊戲。

另一方面，天然氣並沒有像石油那樣成熟的國際市場，國際間也沒有統一的價格指標或交易所。在美國紐約商業交易所或英國倫敦洲際交易所是採取期貨交易的方式，在歐洲的荷蘭與德國則是採用現貨交易，所以交易量微乎其微。事實上，除了北美與英國以外的天然氣現貨交易，僅占全球天然氣市場的 1% 而已。

此外，依照俄羅斯、阿爾及利亞與部分中東國家的慣例，天然氣價格則是以原油價格為基準（石油價格連動），因此不能單憑供需層面探討天然氣價格的形成要因。除了北美與英國，天然氣的國際交易幾乎都是採取一對一的議價交易方式，使得談判能力在天然氣市場裡決定了一切，有時甚至會牽扯到國家層面的權謀策略。

由於天然氣大部分是透過跨國的管線輸送網進行交易，且是在深知彼此底細的固定玩家間進行，其中也牽涉到因為供需疲軟導致過剩跡象的液化天然氣現貨交易動向，呈現錯綜複雜的局面。因此談判過程中，少不了依據過去間諜小說常出現的古典「地

緣政治學（地理上的位置關係造成的影響）」。近年來，歐洲各國亦計畫以購自卡達的廉價液化天然氣現貨價格為後盾，與俄羅斯展開管線天然氣的降價談判。

至於日本的液化天然氣進口價格幾乎都是以石油價格為基準的長期購買合約，每三個月就會因石油價格而變動。在全球天然氣價格持續低迷的狀態下，這種價格實在令人難以消受。

歐美的天然氣消費大戶可在能源市場自由競爭之下，衡量管線天然氣價格與液化天然氣的現貨價格，再決定購買哪一處的天然氣。但是日本不僅沒有架設跨國的輸送管線，連國內主線運輸（line haul）的管線輸送網建設也大幅落後。能夠利用輸送管線使用都市燃氣（town gas）的地區，僅限於大都市及其周邊城鎮，而這些地方只占國土總面積的 5％而已。因此，今後亟需進行的便是整建輸送天然氣所需的主線輸送網等基礎建設，以便日後能利用天然氣發電所產生的廢熱進行發電。

▶日本能源政策的轉換

日本經濟產業省在二〇一二年二月發表了各種能源發電的電源比率，石油：20％、液化天然氣：40％、煤炭：25％、核能：5％、水力及其他再生能源：10％。在未來十年甚至更久的期間內，不可能新設核電廠，停機中的核電廠重啟問題也不是那麼容易解決。可以說，往後只會更難以維持穩定的電費與電力供應。

儘管能源轉換至天然氣是可行之路，但是在制定採購策略

上，如果不能以能源的安全性（safety）為前提，建立符合 3E（能源安全〔Energy Security〕、經濟〔Economy〕、生態〔Ecology〕）的環境，最終只會流於紙上談兵，「能源轉換至天然氣」的前景也會充滿疑慮。

日本的預備力（電力供給能力超出用電尖峰的可調度容量）在二〇一二年一至二月時降至 2%（3% 以下便增加停電的風險）。因此，有必要以長遠的觀點根據國民議論重新構築能源政策。

▶頁岩氣產量大增導致價格降低

國際能源總署預測天然氣需求將會增加，理由主要有以下四項。

①價格比石油低廉。

②頁岩氣登場使天然氣的生產餘力遽增。

③福島核災後自歐洲蔓延的廢核運動。

④化石燃料中對地球暖化政策的貢獻。

需求若是增加，價格自然會面臨調漲的壓力。因此，今後日本最亟需面對的課題，便是加強價格談判的能力，當一名態度強硬的談判者，而不是一頭任憑宰割的「肥羊」。針對此項議題，可舉出幾項因應方案。

一個是多方開拓供應來源，增加談判的籌碼。另一個是擴大與多角經營投資項目，用以對抗價格調漲壓力。例如取得加拿大、

澳洲等國的開發權益或是共同採購。

　　德國的天然氣產業並沒有得到天然氣相關政策的支援，只能憑自己的實力存活下來。結果便是魯爾天然氣公司（Ruhrgas，德國排名第一的天然氣供應公司）與意昂集團（E.ON，德國排名第二的發電公司）合併。

　　歐洲則是在挪威國家石油公司（Statoil）的主導下，建立天然氣推廣組織，並以「天然氣不是環境問題的一部分，而是解決問題方案的一環」的概念展開策略性的宣傳。

　　日本的電力公司在「總計電費方式[15]」以及「燃料費調整制度[16]」保護下，因此沒有購買廉價液化天然氣的迫切需要。另一方面，韓國則是以低於日本的價格便宜購買天然氣。原因是「韓國的電費在政府補助之下相當便宜，因此對於液化天然氣燃料價格的談判十分強硬」。

　　日本的電業界雖然是液化天然氣的消費大戶，但是天然氣的地位遠不如核能與煤炭，所以也激不起改善採購條件的動力。想要在「重啟核電」之後再來討論改善天然氣採購條件，已是為時已晚。可以說，日本現在完全沒有談判的籌碼。目前日本電力公司最大的問題，就是產業食古不化，缺乏冒險的魄力。

　　由於無法對電業寄予太大期望，因此天然氣的上、下游業者

15）總計電費方式：total cost，可以原價追加利潤。
16）燃料費調整制度：即使資源的進口價格上漲，也能自動轉嫁到費用。

應該攜手合作，以中長期利益為主制定及推廣相關策略。

▶重新檢討進口管線天然氣

日本與俄羅斯合作興建跨國天然氣管線的計畫受挫，日本也需負起責任。理由便是不樂見電力自由化的電力公司刻意將計畫擱置。一旦架設天然氣管線，獨立業者或工廠就可以在管線輸送途中以採購到的廉價天然氣自行發電。

與俄羅斯合作興建天然氣管線，也可當作談判液化天然氣新合約時的籌碼。從庫頁島（Sakhalin）引進天然氣管線的構想難道不能重新啟動嗎？如果付諸實現，將會大幅降低輸送成本。

天然氣高壓輸送幹線的建設單價據說為每公里3億日圓（歐洲為2億日圓／公里），因此可刺激開發以及擴大沿線的需求。此外，液化天然氣在液化與輸送的過程中，需自行吸收井口產量10％的耗損量，但是透過輸送管線，只需自行吸收井口產量2至3％的耗損。

輸送管線不僅可以成為國內輸送與配給的基礎建設，最大的優點是進口價格不必再依據昂貴的液化天然氣行情，而是有可能以占全球天然氣貿易最大宗（占天然氣總銷售量的92％、貿易量的75％）的未淨化天然氣出口價格行情為基準。具體來說，俄羅斯出口至德國的價格是日本平均進口價格的60％，而中亞各國出口至中國的價格更是低廉。這些價格都可當作談判進口價格的依據。

　　俄羅斯不久前仍與中國針對西伯利亞的管線天然氣出口問題進行價格談判，對於俄羅斯提出的 9 美元／百萬 BTU 價格，中國始終堅持 6 美元／百萬 BTU，最後在雙方各不讓步的情況下談判宣告破裂。

　　如果只以過去力求快速牢靠的做法為目標，根本無法徹底紓解日本現有的嚴重能源問題。儘管國內的電力與天然氣產業內外的利害關係錯綜複雜，但是現在不正是讓企業與產業超越個別利益，以國家利益為考量，再次認真檢討引進天然氣管線構想的好時機嗎？

▶根據集中型能源經濟模型，分析日本在二○五○年之前的能源需求（資源與能源學會誌，Vol.33，No.2，二○一二年三月）

　　日本的二氧化碳排放量占全球的 4％，而減排目標則是在二○五○年之前削減至目前排放量的 60 至 80％。為預測日本的長期能源需求，以下根據各種核能長期發展藍圖與二氧化碳排放制約計畫，進行技術普及與能源需求分析。

【核能長期發展藍圖】

- 核能：基本計畫　預估二○五○年的核能發電比例占總發電量的 50％。
- 重啟核能

- 維持核能 預測核能的長期計畫停滯（16％）

【二氧化碳排放制約計畫】

- 無二氧化碳排放制約
- 有二氧化碳排放制約（60％）

分析所使用的集中型能源經濟模型，是綜合了「上而下」（top-down）的計量經濟模型與「下而上」（bottom-up）的成本最小化技術評估模型，分析結果如下（圖3-4）。

- 無二氧化碳排放制約的情況下，會增加燃煤火力發電的使用。

- 有二氧化碳排放制約（60％）的情況下，會增加液化天然氣火力發電的使用。在「維持核能」的情況下，天然氣消費量會比基本計畫藍圖約增加6,500萬噸液化天然氣。天然氣在一次能源供應量比例則達到38％，使天然氣作為核能替代能源的重要性大增。如果核能發電設備量在二○五○年大幅減少至目前的半數以下，將會提高發電部門對天然氣的依賴程度。

- 若是以擴大天然氣供應量取代燃煤及核能發電，藉此達到二氧化碳減排的目的，確保天然氣穩定供應便是重要的政策課題。

- 二氧化碳的排放制約，可促使達到一成的節能效果，並且加速最終消費部門進行燃料轉換、發電部門擴大採用再生

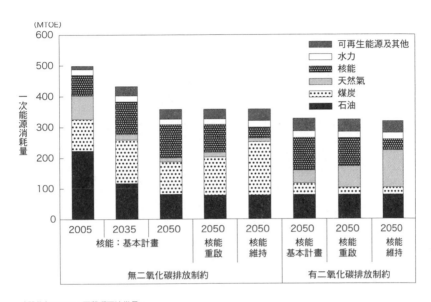

圖 3-4　2035 ／ 2050 年日本的能源供給

（單位）MTOE：百萬噸石油當量。

（出處）JSER, *Journal of Japan Society of Energy and Resources*, Vol.33, No.6.

能源以及引進二氧化碳捕獲與封存（CCS）等技術。

　　不論面對哪一種情況，都需要確保天然氣的穩定供應、建立完善的儲備制度並加強取得海外的權益。考慮到廢核的趨勢、再生能源的成本與輸出功率不穩定等因素，由於非傳統天然氣躍登能源舞台而使全球天然氣蘊藏量遽增，因此在思考今後的全球能源結構（Energy Mix）之際，天然氣應該是目前最值得信賴的能源吧。

相較於其他領域，能源問題顯得龐大、長期且複雜，無法再採取短時間內立竿見效的單純對策。最重要的是建立一套能夠因應各種風險與矛盾的能源結構（portfolio）。

首先，為有效利用天然氣，除了實施節能措施之外，也必須使用一部分再生能源。從穩定性與成本觀點來看，應該優先採用間伐材與風力發電。此外，基於能源種類多樣化與成本因素，是否也需保留一部分的核能？

至於各項能源的具體供應量，政府所要做的是針對安全性、環境、穩定供應制度等建立完善的配套，因此原則上應當由市場來決定，而不是取決於政治決策。

對淨煤技術的期望

進入二十一世紀，備受矚目的頁岩氣為天然氣帶來龐大的供應餘力，使天然氣的利用技術可望普及。然而，如前一項所提到的，日本面對的棘手問題是「如何取得穩定且成本低廉的天然氣」。例如確保天然氣的開發權益、自現貨市場採購、重新檢討以石油價格為基準的天然氣長期購買合約，這些都是日本須面對的難題。因此，日本要引進頁岩氣，最快也得等到二〇一七年以後。

在這樣的情況下，短期內值得期待的是「淨煤技術（clean coal technology，CCT）」這項新型煤炭利用系統。因為它符合「穩定且成本低廉」的要求。

　　日本的淨煤技術已達到世界頂尖的水準，對於依賴煤炭甚深的亞洲各國來說，相當具有吸引力。日本自一九九八年以來，煤炭的消費量即顯著增加。不僅火力發電的發電效率在這十幾年間從 42％提高到 43％（圖 3-5），火力發電廠每單位發電量所排放出的二氧化碳或硫氧化物類（SOx）、氮氧化物類（NOx）也是先進國家中數值最高的。今後在維持 GDP 成長之餘，為達到二氧化碳減量的目標，並且確保能源種類的多樣化與穩定性，應該更加努力發展煤炭氣化複循環發電技術（Integrated Gasification Combined Cycle, IGCC）中的淨煤技術。

1 煤炭的確定可採蘊藏量豐富

　　相較於石油或天然氣，煤炭的優點是單位熱量價格低，確定可採蘊藏量也十分豐富，再加上去除有害物質與雜質等技術的進步，已逐步回復昔日被稱為「黑金」的榮景。二○一○年底，煤炭已確保全球一次能源 28％的占有率（IEA, *World Energy Outlook 2011*），可採年數長達一三○年這項事實，更增加了它的價值。

　　使用煤炭的好處，便是蘊藏量豐富且產地範圍極廣。中國、美國、印度的煤炭主要是以本國消費居多，供作國際商品進行貿易的數量則相當少。實際上有輸出餘力的只有澳洲、俄羅斯、南非、印尼、哥倫比亞五個國家，輸出量占全球生產量的 12％，相當於 7.9 億噸。

　　煤炭與石油或天然氣相比，燃燒時所產生的二氧化碳排放量

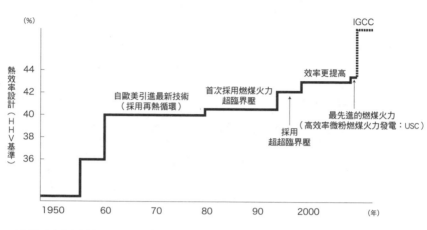

圖 3-5 日本燃煤火力發電的發電效率變遷圖

（出處）參考日本火力核能發電技術協會《火力核能發電》二〇〇六年十月。

或硫磺、灰分含量等雜質相當多，在採掘、貯存、運送上也有不便之處。但是放眼世界，仍然有許多國家是以燃煤火力發電為主要電力來源，中國與印度70至80％的電力來源便是仰賴燃煤火力發電。

在這樣的時代背景下，能源相關人士均對煤炭的高度利用寄予厚望，例如運用煤炭氣化技術，或是轉換成適合各種環境的液體燃料，增加煤炭的附加價值。

2 將煤炭轉化為乾淨的氣體

煤炭比石油或天然氣含有更多的氮氣與礦物，因此燃燒後的排氣通常含有許多煤塵、氮氧化物類（NOx）與硫氧化物類

（SOx）。

淨化煤炭排氣的方法有濕式（利用液體吸收雜質。必須將氣體降溫才能運作，系統複雜，發電效率也不高）與乾式（利用固體的觸媒或吸收劑）兩種，為了有效發揮氣化的潛力，因此研發重點在於乾式淨化方法。

煤炭的氣化過程，首先燃燒部分煤炭產生高溫氣體，再透過氣體與煤炭反應，產生以一氧化碳（CO）與氫氣（H_2）為主要成分的合成氣體。與來自天然氣的合成氣體相比，氣化後的煤炭含有更多硫化氫（H_2S）與二氧化碳，因此需要高度的合成氣體精製技術。

3 以氣化為核心的淨煤技術趨勢

為透過煤炭達到零排放（Zero Emission）的目標，淨煤技術即扮演舉足輕重的角色。淨煤技術可定義如下：「除去 NOx、SOx、CO_2、煤塵（PM）等有害物質及雜質，藉此淨化煤炭達到高效率使用的技術。」透過氣化技術，可使煤炭的用途更靈活。

以下雖然是二〇一〇年的數據資料，不過日本總電力有23.8％，也就是大約 9,700 億 kWh 是來自燃煤火力發電（液化天然氣 27.2％，核能 30.8％）。透過淨煤技術所產生的氣體，將是火力發電廠未來發展的技術主力，利用煤炭氣化複循環發電（IGCC）與煤炭氣化燃料電池複循環發電（IGFC：Integrated Coal Gasification Fuel Cell Combined Cycle）等的高溫、高壓蒸汽

（最高620℃、310氣壓）發電的效率相當高，也就是採用廢熱發電的方式（圖3-6）。

二〇〇九年，福島縣磐城市計畫興建的燃煤火力發電廠在政府要求下喊停。理由是沒有完善的二氧化碳減排對策，基於防止地球暖化的觀點而無法坐視不理。該廠的二氧化碳排放量為814g／kWh，比最新型的火力發電廠高出一些，與大型核能或水力發電電力公司的目標值相比則是高出兩倍以上。對此，日本經濟產業省也提出改進建設方案的建議，如果引進最新設備，混合木屑等生物質，不僅可提高燃燒效率，也能使二氧化碳排放量降至700g／kWh以下。

今後在推動燃煤火力發電時，最重要的是削減氣化與排氣處理過程中所產生的二氧化碳，因此必須混合使用生物質與淨煤技術（將排放出的二氧化碳回收並封存於地下的技術），使淨煤技術的研發成為重要課題（圖3-7）。美國俄亥俄州如今也在檢討利用燃煤火力發電廠排放出來的二氧化碳的可行性，考慮以採油增進法的方式將它運用在鄰近油田。

至於淨煤技術的基準程序，美國目前所進行的「FutureGen計畫」（以潔淨的零排放發電為目標，利用煤炭產生氫氣，並將二氧化碳封存於地下。計畫在二〇二〇年之前確立煤炭氣化技術，在成本增加10％以內進行碳隔離，並透過發電與氫氣製造將成本降至4美元／百萬BTU）成果也相當令人期待。

圖 3-6　　日本燃煤火力發電的發電效率變遷圖

■ 發電效率的進步

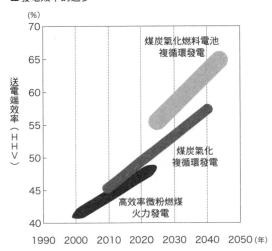

■ 高效率發電技術

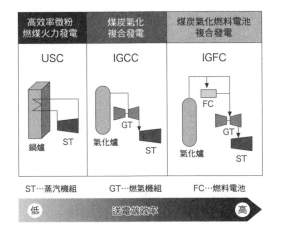

（出處）參考日本經濟產業省《Cool Earth 50 能源革新計畫書》二〇〇八年三月五日。

圖 3-7　日本以氣化技術為核心的淨煤技術

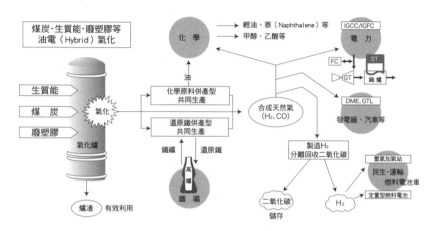

（出處）獨立行政法人 新能源、產業技術綜合開發機構（NEDO），財團法人 煤炭能源中心（JCOAL）《日本的淨煤技術》二○○六年三月十五日。

4　淨煤技術的未來展望

展望淨煤技術以煤炭領域技術革新為目標的未來發展，主要有以下三項重要且多元化的技術流程。

▶第 1 流程

以目前進行的煤炭氣化技術為中心，開發各項技術系統。主要是研發目前逐步朝實用化邁進的煤炭氣化複循環發電（IGCC）與煤炭氣化燃料電池複循環發電（IGFC）等高效率發電系統，將煤炭轉換成甲醇（methanol）或二甲醚（dimethyl ether，DME）、天然氣製合成油（GTL）等不含雜質的乾淨「液體燃料

或化學原料」。這些技術的目標，便是將廢熱發電等「共同生產」（co-production）零排放技術普及於全世界。

▶第 2 流程

繼續在能源領域進行技術研發，因應未來可能形成的「氫能社會」。從天然氣到氫能社會，煤炭能源（H ／ C ≒ 1）的使用最後會發展出「利用煤炭進行二氧化碳回收型氫製造技術」，減少碳燃燒而耗損的能源量，預測未來會大幅依賴將煤碳直接燃燒後所產生的二氧化碳分離、回收，再加以隔離、固定的技術。目前發展淨煤技術最重要的課題，便是如何運用高效率煤炭利用技術，將煤炭直接燃燒後所產生的二氧化碳進行分離、回收、隔離與貯存的同時，透過回收原油與天然氣的上游技術，以及將煤炭氣化、改質、轉換的技術，將煤炭本身的碳成分當作燃料或化學原料，降低煤炭直接燃燒所排放的二氧化碳量。

▶第 3 流程

日本的重點技術開發領域中，煤炭技術或有可能分別與「環境、能源技術」、「生物科技」、「奈米科技」以及「資訊通信產業」等四項領域進行技術革新，發展出彼此相關的技術。

環境、能源技術的研發重點在於以「二氧化碳對策」為中心實現零排放社會，因此共同生產系統方面的技術革新便是環境、能源技術的發展目標。

隨著生物科技的進步，可望發展煤炭化學、二氧化碳固定化以及有效利用的方式。

可利用超優煤（hyper-coal，HPC）製造技術，研發將煤炭分解成碳的高度利用技術。同時也可期待運用奈米科技發展出奈米碳纖維（carbon nanofiber）等的技術革新。

在資訊通信產業方面，也能在煤炭領域的模型化與模擬技術上帶來技術革新。

淨煤技術不只可運用在能源領域，在煉鐵領域也扮演極為重要的角色。煤炭在煉鐵領域中的角色，不單只是用作能源資源而已，也可當作煉鐵原料所使用的優質還原劑。利用高溫爐法煉鐵的技術系統在未來須面對的課題，便是採用熔融還原煉鐵（DIOS）這類技術，透過一般煤炭製鐵與合成氣體、電力或氫氣、熱能、化學原料等共同生產系統，革新煤炭的綜合利用效率，實現零排放的環境對策。

日本是全球最大的煤炭進口國，擁有國際社會中最頂尖的淨煤技術，今後也必須積極參與國際協力活動，幫助亞洲為主的發展中國家進行技術轉移與人才培育。此舉不僅是為了其他寄望以煤炭能源達到經濟成長的國家，對日本來說，也能提供穩定的能源，並且提高實現京都議定書中清潔發展機制（Clean Development Mechanism，CDM）的可能性，有助於解決全球性的環境問題。

5 總結

　　全球的一次能源中約有 90％仍然仰賴化石燃料，這是不爭的事實。在廢核的趨勢下，冀望再生能源在未來（二〇五〇年左右？）能夠成為普遍使用的大量供給能源。在這之前，我們在邁向低碳社會之前所能做的，便是盡量降低對於有限化石燃料資源的依賴，大力推廣使用天然氣，並且致力於煤炭高度利用的淨煤技術，透過煤炭氣化、液化技術實用化達到與環境調和的目的。

以汽電共生與天然氣複循環為主流

　　東京的六本木之丘或新宿副都心的大樓區街道，在提高能源使用效率上，採用的是利用都市燃氣的廢熱發電系統。

　　最終能源需求中電力占 25％，其餘 75％大多是是直接使用化石燃料，因此廢熱發電系統就是在實際需求現場上將這兩者整合，除了要求發電部門「部分最佳化」之外，也必須使能源使用上達到「整體最佳化」的目的。

　　例如以渦輪發電機發電時，可將排出來的氣體與冷卻水的廢熱以溫水或蒸汽形式回收，運用在冷氣、熱水供應、暖氣，藉此提高能源使用效率，形成節能系統。

　　以六本木之丘為例，地下室的六座渦輪機約有 4 萬 kW 的輸出功率，供應複合設施整體所需的電力、冷暖氣以及溫水。如果要透過太陽能電池板達到 4 萬 kW 的輸出功率，估計得需要成田國際機場剛開幕時的所有佔地面積，相當於鋪設 550 公頃的太陽

能電池板。

日本自八〇年代起使用燃氣渦輪機，同時利用機器運轉時所產生的高溫排氣來發動蒸汽渦輪機，各家電力公司自此開始引進這套發電效率高的複循環發電（GTCC：Gas Turbine Combinedcycle）系統。如前所述，利用這套發電方式，可將目前低於40％的發電效率，一下子提高到60％，同時也能將傳統燃煤火力發電每單位發熱量的二氧化碳排放量大幅削減三分之二。

話說回來，火力發電廠將在核災事故發生後全面運作，輿論對此議論紛紛，東京都的豬瀨副知事即於二〇一一年五月二十三日視察川崎天然氣火力發電廠。相信石原都知事應該是看過天然氣複循環發電的相關數據資料，才會在例行記者會上表示：「輸出功率相當高，也不會占據大片土地。可以考慮在東京的新生地興建。」

複循環發電是由燃氣渦輪機與蒸汽渦輪機所組成，與核能相比，缺點在於二氧化碳排放量較多，但是在熱效率、建設費以及工期上占優勢。

如果要以替代燃料達到一般100萬kW核能發電廠70％的開工率，便需要100萬噸的液化天然氣，不過全面採用複循環發電的方式，便不需要那麼多液化天然氣。

目前以自然能源發電的成本還相當高，同時也須面對因天候導致發電量或電壓大幅變動的「輸出功率不穩定」問題。這也是複循環發電在短期內最能取代核能發電的原因。

在相同的二氧化碳排放量之下，利用天然氣複循環發電可獲得目前兩、三倍的發電量，從這一點即可考慮採用複循環發電取代核能發電。再加上能將二氧化碳排放量對環境的衝擊降至最小，並能以最低限度的成本及早減輕問題，相信在未來二十年間，複循環發電是最可行的核能替代方案。如果不是想利用再生能源來解決尚未達到二氧化碳義務減排量，實在很難強迫人使用成本高昂又不易應用的「再生能源」。

利用天然氣發電時，幾乎都是透過埋在地下的輸送管線將天然氣輸送至發電廠。遇到自然災害時的安全停止與重啟效果在三一一福島核災時也已經過考驗，與核電廠相比，較不易受到地震及海嘯的影響，安全性相對較高。過去對於能源轉換問題大多是集中在利用自然能源，不過今後對於利用天然氣發電以及廢熱使用上，還有極大的討論空間。

電力的適地適發

目前能源的發展趨勢為地產地消。具體來說，便是建構以天然氣廢熱發電為核心的智慧型能源網路（Smart Energy Networks）。盼能藉此重振因三一一福島核災重創的日本技術品牌能力。

表 3-2 是以資源量、成本的觀點比較各類發電方式的特徵。

還有選擇餘地的方案有以下三種。

• 可以保留多少核能發電？

- 增強火力發電能力
- 大幅採用自然能源

以資源量來說，風力發電與太陽能發電的資源雖然豐富，但是問題在於可供利用（能源轉換效率）的比例有多少。

日本現有的電力中，98％是來自火力發電、核能發電與水力發電，至於太陽能發電、風力發電與地熱發電，加起來不過2％。而目前的發電方式只有仰賴核能重啟，或是提高火力發電的產能利用率，不過由於頁岩氣的登場，使「全球天然氣蘊藏量遽增」，因此主要還是增加天然氣火力發電的比例。除此之外，二氧化碳捕獲與封存（CCS）技術進展也相當值得期待。

今後會因為人口減少等社會結構改變、高效率機械與車輛的開發而逐漸減少電力內需。以下所列事項，可供作檢討內需漸減的原則。

- 提高核能安全性以及活用核能發電之餘，降低對核能的依賴程度。
- 同時提高再生能源的比例，以節能的觀點徹底改革能源的需求結構，並且加速化石燃料的潔淨化、效率化。
- 重要的是選擇適合各地域使用的能源。
- 大都市、工業地帶過去利用大規模發電廠提高發電效率的做法，今後也有其必要。
- 另一方面，電力需求少的地域，可採用「地產地消」的方式在當地消費當地生產的電力。

- 節電與節能的進展也很值得期待。例如改用 LED 照明或利用地下熱（利用地下淺層使空氣循環，讓室溫保持舒適的熱泵系統）。

如何供應穩定電力，並不是一朝一夕便能解決的簡單問題，我們每一個人都應該根據表 3-2 所整理出的各類能源成本（能源效率）、資源量、安全性、環境問題（環境負荷）、穩定性（容易使用）等項目，冷靜仔細地思考可行方案。

3.6 在廢棄核電廠旁建設大型天然氣複循環電廠

在上一節提到還有選擇餘地的三種方案之一是「可以保留多少核能發電？」時至今日，有關核電廠重啟的爭議依舊持續。重啟固然有一定的程序，不過在此之前，不是應該先畫清界線，決定該重啟哪一座核電廠？而哪一座核電廠又該廢爐？否則光憑「盡量多重啟一座核電廠」、「逐步重啟核電廠」這些理由重啟核電廠，是不可能得到國民認同的。

然而，核電廠廢爐確實也會為地方自治團體的居民生活帶來重大影響，尤其是在雇用方面。

既然如此，是否應該在決定廢爐的核電廠原址就地（鄰接地）興建天然氣複循環發電廠？如此既可有效利用現有的發電設備，

表 3-2　各類發電方式的成本與安全性等的比較

發電方式	發電成本	資源量
石油火力	10.0 ～ 17.3 日圓／ kWh	以全球消耗量而言，全球可採蘊藏量尚可使用數十年以上。 日本國內的蘊藏量極少。
燃煤火力	5.0 ～ 6.5 日圓／ kWh	以全球消耗量而言，全球可採蘊藏量達一百數十年以上。 以日本消耗量而言，日本國內的蘊藏量至少還有數年以上。
天然氣火力	5.8 ～ 7.1 日圓／ kWh	以全球消耗量而言，以一般方式開採的「傳統天然氣」可採蘊藏量為六十年以上。 日本國內的蘊藏量極少。
核能	4.8 ～ 6.2 日圓／ kWh 重新評估中	以全球消耗量而言，全球可採蘊藏量約一百年。
水力（一般）	8.2 ～ 13.3 日圓／ kWh	全球可採蘊藏量為一年 1,364 億瓦時（Wh）。 其中約 70％均可利用。
頁岩氣	6 ～ 7 日圓／ kWh 約與一般天然氣相同	以全球消耗量而言，全球可採蘊藏量已確定部分即達 40 年。 日本國內的蘊藏量應該極少數。
生質燃料 （藻類）	目前或許是原油的十倍左右。 如果能量產，可望降低成本。	國內蘊藏量最多應該達到一年 2,600 萬噸左右。 約相當於日本石油進口量的 13％。
太陽能	37 ～ 46 日圓／ kWh 以 2030 年 降 至 7 日 圓 ／ kWh 為目標	保守估計，可設置 1 億 580 萬千瓦（kW）的發電設備，提供日本全體消費電力的 10％發電量。 樂觀估計，可設置 2 億 183.8 萬千瓦的發電設備，提供日本全體消費電力的 20％發電量。
風力	陸地為 9 ～ 14 日圓／ kWh 海洋風力的成本會比陸地高	根據日本風力發電協會的估計，可在日本國內包括陸地、海洋設置 7 億 8,222 萬千瓦的發電設備，並可提供日本全體的消費電力。
地熱	條件好的地方可降至 10 日圓 ／ kWh	日本國內適合開發的熱水資源為 2,357 萬千瓦。
高溫岩體	9.0 ～ 18.0 日圓／ kWh	以鑽井至地下 4 公里處而言，日本國內有 3,840 萬千瓦。
波力	未來或許能降至數十日圓／ kWh 以下	光是拍打日本海岸的波浪能源即達到 3,600 萬千瓦。 如果加上海面上的波浪，數值會更龐大。
海流	以 20 日圓／ kWh 以下為目 標	黑潮帶來的 1 年份能源，即可抵得過日本一整年消耗量的一半。
海洋 溫度差	假設在條件好的地方建造大規 模（10 萬 kW）設 備，為 10 日圓／ kWh	估計日本專屬經濟海域的 1％海水熱能，即可提供日本一整年消耗量。不過日本近海的海面溫度不足，效率甚低。
中小水力	由於規模比一般水力發電小，因此成本較高	日本全體河川為 1,650 萬千瓦。 蘊藏量相當於 32 萬千瓦的農業水渠發電設備。
燃料電池	初期設備投資較高	燃料中的氫氣雖然是常見的元素，但是單一成分卻幾乎不存在，因此生產能源時需要加入化石燃料與水等。氧氣大量存在於大氣中。

（出處）〈大特輯 電力與能源〉《牛頓》二〇一二年一月號，伊原賢協助執筆。

安全性	對環境的負荷	發電量的安定性與調整	技術實行程度
無太大問題	排放二氧化碳	可調整	已成功
無太大問題	排放二氧化碳	可調整	已成功
無太大問題	排放二氧化碳。但是相較於石油與煤炭，二氧化碳的排放量較少	可調整	已成功
安全神話崩解	發電時不會排放二氧化碳，但是會產生高放射性廢棄物	依照額定輸出功率發電	已成功
無太大問題	建造水壩會破壞環境	大致穩定，可因應尖峰需求量提高輸出功率。缺水時期則不敷使用	已成功
可能污染地下水	排放二氧化碳。開採初期也有釋放出甲烷的危險性	可調整	已成功
無太大問題	無太大問題	可調整	已完成實驗測試階段
無太大問題	無太大問題	因日照量多寡而大幅變動	已成功
無太大問題，但是有噪音、低周波音等問題	無太大問題。但可能發生候鳥撞擊事故	因風速強弱而大幅變動	已在陸地成功實行。海面上的浮體式目前還在實地實驗階段
無太大問題	無太大問題。但是有溫泉枯竭之虞	可依照額定的輸出功率發電	已成功
無太大問題	無太大問題	可依照額定的輸出功率發電	已完成小規模的實地實驗
無太大問題	無太大問題。但是有油壓幫浦漏油之虞	因波浪強弱而異（相較於太陽能與風力，變動幅度小）	在數年內展開實地實驗
無太大問題	能源汲取過多恐會對洋流造成影響。汲取5%應該沒問題	黑潮雖然常年流經，但是流路以年為單位而有差異。須設在海流不易彎曲（蛇行）之處	2020 年左右展開實地實驗
無太大問題	無太大問題	低緯度地區可維持一整年額定輸出功率發電	已完成小規模的實地實驗
無太大問題	無太大問題	難以蓄水，會因季節而改變	已成功
由於氫氣燃點低，因此重點在於加強安全使用技術	從化石燃料製取燃料所需的氫氣時，會排放二氧化碳	如果能穩定提供氫氣，即可視情況調整	已成功

也能確保廢爐作業期間供電無虞。廢爐作業期間如果外部停止供應電力，有可能又會釀成大災害，因此這種做法應當能降低風險。再者，部分因核電廠廢爐而失業的人們，即使只有少數人，也能隨著大型天然氣複循環發電廠運轉而回到工作崗位吧。

3.7　以全量固定價格收購電力乃是愚策

在３.４節所提到的德國事例中已稍微提到，接下來再進一步說明電力公司以全量固定價格收購制度收購再生能源的弊病。

西班牙採用比德國更高價格收購的「全量固定價格收購制度」，使得市場需求暴增，國民紛紛架設太陽能電池板，但是光憑國民繳納的電費難以彌補龐大的支出，後來只得大幅調漲國民的補助上限，這也是造成西班牙財政惡化的主因之一。

直截了當地說，「全量固定價格收購制度」就是將再生能源的昂貴成本轉嫁到消費大戶的制度。由於太陽能發電成本比其他電力來源還要昂貴數倍，當國家或電力公司以高價收購再生能源，企業就不願再花心思努力研發降低成本的新技術。因此，有必要分析成本效益以及設定供應量。既然要採用這項制度，就必須規定一定的發電量與設備容量「數量」，理由是「全量固定價格收購制度」只不過是對再生能源的補助金罷了。

「環境政策」聽起來響亮，也是政治家之間的熱門話題，但

是實際以環境為成長策略主軸而獲致成功的國家，請恕我孤陋寡聞，至今仍是聞所未聞。如果真的要讓再生能源普及，就不應該採用只決定價格而不設定發電量與設備容量「數量」的全量固定價格收購制度；規定電力公司必須引進的數量，才是務實的做法。採用全量固定價格收購制度，電力供應業者便少了降低成本的競爭壓力，也少了研發新技術的動力。

相反的，電力公司是否能自行規畫大幅採用再生能源的藍圖（最可行的再生能源是地熱與生質燃料混燒），再訴諸輿論？如果連這點努力都不願意做，只是一味鼓吹重啟核能，只會引來更多質疑吧。

核災事故發生後，核能安全飽受抨擊，針對電費上漲的問題也嚴重缺乏溝通及說明，這些因素使電力公司的處境更加困難，也變得更封閉自守。

另一方面，不同於全量固定價格收購制度，還有一種「總量管制與交易制度」（Cap and Trade）。這項制度是由政府或歐盟等國際機構制定二氧化碳等溫室效應氣體的排放上限，並由企業等團體平均分攤。企業或團體如果達不到減排的目標，就必須從市場購買排放權以補足缺額。

採用「總量管制與交易制度」的結果會如何？人們就會選擇能以最低成本削減溫室效應氣體排放的能源。而這種制度也會使再生能源投入激烈的市場競爭與價格競爭中。

如果能將投注在「全量固定價格收購制度」的資金用來研發

降低成本的技術，而不是只用在高價收購再生能源，相信它也是一項優良的制度。

第**4**章 | 頁岩氣革命衍生的商機

4.1 幅圍廣泛的天然氣利用方式

如圖 4-1 所示，天然氣有多種轉換利用方式。

以輸送至消費地的媒介而言，有透過管線輸送高壓氣體的方式，也有將氣體打入能耐 200 氣壓以上高壓鋼瓶的壓縮天然氣（Compressed Natural Gas，CNG）輸送方式，還有以零下 162℃ 超低溫液化的液化天然氣輸送方式。除此之外，以物理轉換技術將天然氣轉換成固態的天然氣水合物（Natural Gas Hydrates，NGH）輸送方式目前也朝實用化邁進。

南北狹長的日本在天然氣的輸送方式上，海路方面有透過液

圖 4-1　天然氣多種轉換利用方式

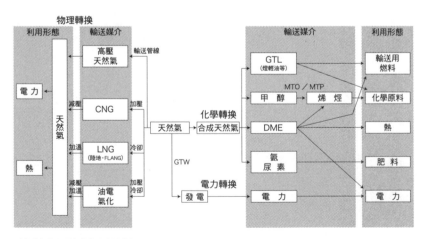

（出處）伊原賢參考各項資料製作。

化天然氣船從海外輸送至日本，以及利用內航船輸送至中繼基地；
陸路方面有液化天然氣槽車或鐵路貨車輸送；至於北海道、秋田、
新潟等地的天然氣田，則是利用管線輸送到各地。如今也應該檢
討是否興建跨國主線管線，以便連結鄰近的俄羅斯庫頁島等大規
模天然氣田，建立供需平衡的天然氣輸送系統，保障長期穩定供
應天然氣。

此外，若是能將天然氣轉換成由氫氣（H_2）與一氧化碳（CO）
所組成的合成氣體，再經過化學合成製造二次燃料或化學原料，
便能提高附加價值開闢新市場。舉例來說，可從天然氣製合成油
（GTL）製造燈油或輕柴油（FT：Fischer-Tropsch process，費托
合成法）；或是透過烯烴（olefin）、苯（benzene）將甲醇製成
化學原料，以及轉換成取代液化石油天然氣的乾淨二甲醚，同時
也能從氨氣、尿素等製成肥料及藥品，用途十分廣泛。

在日本國內建構地產地消的分散型能源系統，或利用高蓄熱
輸送媒體建立高密度能源輸送系統也是值得期待的構想。例如東
京的六本木之丘或新宿副都心的大樓區街道，在提高能源使用效
率上，採用的便是利用都市燃氣的廢熱發電系統。

日本自一九八〇年代起使用燃氣渦輪機，同時利用機器運轉
時所產生的高溫排氣來發動蒸汽渦輪機，各家電力公司自此開始
引進這套發電效率高的複循環發電（GTCC）系統。這套發電方
式的優勢在於可大幅降低傳統燃煤火力發電每單位發熱量的二氧
化碳排放量（表 4-1）。

表 4-1　每單位發電量的二氧化碳排放量（相對比較）與有效熱能利用率

每單位發電量的二氧化碳排放量（相對比較）		有效熱能利用率	
傳統燃煤火力：	100	傳統火力發電： （鍋爐式：包括送電損失）	35〜40%
天然氣複循環發電：	35〜40	天然氣燃料電池 廢熱發電：	70〜80%

（出處）參考各項資料。

　　發電設備在運作初期的燃燒溫度為 1,100℃，熱效率為 43％左右，但是之後溫度會提升到 1,300℃，熱效率也會提高到 48％。一九九八年，橫濱火力發電廠所採用的進步型複循環發電（Advanced Combined Cycle，ACC）系統可將液化天然氣的燃燒溫度提高到 1,500℃，藉此發動渦輪機，再利用渦輪機所產生的高溫排氣加熱爐水取得蒸汽，發動蒸汽渦輪機來發電，使綜合效率達到 54.1％。世界各國的火力發電熱效率大約在 32 至 43％左右，相較之下即可得知這套發電系統的效率有多麼驚人。

　　敘述至此，也許會感覺「有效利用天然氣」只有百益而無害。然而，如前所述，天然氣採購是日本最棘手的問題。其中最重要的課題便是確保天然氣開發權益、自現貨市場採購，以及重新檢討以石油價格為基準的天然氣長期購買合約。

　　但是 3.5 節也提到，天然氣發電廠比核電廠更不易受到地震與海嘯的侵襲，安全性相對較高。過去對於能源轉換問題大多是集中在利用自然能源，不過今後對於利用天然氣發電以及廢熱

使用上，還有極大的討論空間。

由於天然氣的供給餘力在跨入二十一世紀後大量增加，在這樣的環境下，天然氣的供應鏈以及利用技術皆可望獲得充實與普及。

4.2 天然氣在火力發電與原料以外的利用方式

二〇一二年五月八日，五間造船重機大廠聯袂提出了二〇一二年三月期的連結決算。在稅後利益方面，五間大廠均達到200 億日圓左右的盈餘。營業利益方面，是由三菱重工、川崎重工、住友重機械工業這三間在火力發電廠所需設備取得亮眼成績的公司獲得增益；稅後利益方面，則是由三井造船獲得增益。

此外，對於二〇一三年三月期的業績預測，除了石川島播磨重工（IHI）之外，其他四間公司均能獲得增益；營業利益方面，預估除了三菱重工之外的四家公司都會損益，但是業務拓展至發電廠所需設備以及鐵路、航空宇宙領域而後勢看漲的三菱重工，預計將獲得增益。

另一則與此相關的新聞，川崎重工於二〇一二年五月五日，宣布向巴西造船公司（Estaleiro Enseada do Paraguacu S.A，EEP）出資獲取 30％的股份，提供鑽井船的建造技術。近年來，巴西海底的深水岩鹽層（Pre-salt）相繼發現大規模油田，因此對於鑽井

船與浮體式生產儲藏卸油設備（FPSO）的需求急增，而川崎重工除了提供鑽井船的建造技術外，還將提供造船廠建設方面的相關經驗。

如以上所述，與天然氣商機相關的企業往後將會在發電或資源領域展開猛烈攻勢，不過在天然氣的利用上，並不是只供作火力發電的燃料或是當作原料成分而已。以下為天然氣在火力發電與原料以外的利用方式，並為各位介紹各項潛力領域的發展趨勢。

天然氣汽車

在不久的將來，以石油為燃料的汽車也許會消失。此言一出，或許各位會感到錯愕吧。其中最大的因素有兩項，也就是天然氣汽車（Natural Gas Vehicle，NGV）的燃料成本十分低廉，對環境的負荷也能降至最低。

比較行駛相同距離所耗費的燃料價格時，小型天然氣汽車（相對汽油車）便宜30％左右，天然氣卡車（相對柴油車）則便宜50％左右。

在環境方面，天然氣汽車也有以下優點。

- 由於燃料本身的每單位熱量二氧化碳排放量約減少25％，因此目前在都市內行駛的天然氣汽車，與汽油車相比可達到削減10至20％二氧化碳排放量的效果。
- 大幅減少氮氧化物類（NOx）與硫氧化物類（SOx）等的

排放量，所以幾乎不會排放黑煙或煤塵（PM）。

・ 噪音比柴油車小，震動則和汽油車差不多

▶美國的發展趨勢

美國近年來由於大量開採頁岩氣，使天然氣價格低廉而穩定，預測今後天然氣汽車將會更加普及。

首先在二〇一一年四月，美國眾議院提出「解決美國新替代交通燃料法案」──是以天然氣為綠色替代能源的方案。目的在於推動市區車輛與長途運輸車隊採用天然氣汽車，對於小客車與家用天然氣充填設施同時也提供優惠補助措施。在此之前，美國總統歐巴馬針對國內燃料增產、擴大使用天然氣與生物燃料、以及改善汽車燃費等項目，於三月三十一日發表〈建構安全能源未來藍圖〉，計畫在二〇二五年之前減少三分之一的石油進口量。

受到一連串措施的影響，美國本田汽車過去只在四個州銷售的 Civic 瓦斯車（Civic Natural Gas），如今以二〇一二年款開始在全美銷售，不僅如此，五十鈴與福特汽車也都努力加強天然氣汽車的銷售。

▶日本的情況？

日本在一九九〇年只有二十一輛天然氣汽車，加氣站也只有四處而已。

加速天然氣汽車普及的原因──讀者或許還記得石原都知事揮舞著一瓶裝滿柴油車排放黑煙的寶特瓶的畫面吧（譯註：

當時為一九九九年八月）──起於東京都在一九九九年至二
〇〇〇年期間所實施的「柴油車 NO 作戰」。柴油車從此加速
轉換為天然氣汽車，當時的天然氣汽車僅有 1,500 輛，到了二
〇一一年底已超過四萬輛。

　　天然氣汽車也分成好幾種（礙於篇幅關係，詳細情形在此略
過不談），日本則是以壓縮天然氣（CNG）汽車為主。以目前來
說，仍是以大型柴油車轉換為天然氣汽車居多，不過往後在自家
用車市場中最具前景的，也許是壓縮天然氣汽車中的混合動力車
（Gas Hybrid）款。

　　汽車製造商不知為何對混合動力車的研發興趣缺缺，東京
瓦斯公司（Tokyo Gas）則是和 HKS 公司合作，嘗試將市面上
的油電混合車（汽油 HV）改造成混合動力車（天然氣 HV）
（二〇一〇年十二月至今）。根據東京瓦斯公司的估算，混合
動力車（天然氣 HV）的二氧化碳排放量會比油電混合車（汽
油 HV）減少 24％，甚至比一般汽油車減少 62％。至於行駛一
公里的燃料費，相較於汽油車的 11.40 日圓與油電混合車的 5.70
日圓，混合動力車只要 3.12 日圓，省下不少費用。

　　除此之外，也有使用柴油與天然氣混合燃料（含 60 至 85％
天然氣）的天然氣柴油複燃料（Diesel Dual Fuel，DDF）引擎。
天然氣柴油複燃料可將二氧化碳排放量減少 10 至 20％，優點在
於即使天然氣燃料用罄，引擎依然可以柴油運轉。若是使用天然
氣柴油複燃料，不僅可以節省燃料費，也能運用在加氣站設備不

完善的地域。

國際能源總署在二○一一年所發表的〈World Energy Outlook 2011〉中，將前年所預測的天然氣汽車普及（預估）數量（到二○三五年為止）從 3,000 萬輛提高到 7,500 萬輛。至於日本國內，普及的關鍵即在於廣設加氣站，但是預測數值的上修，對天然氣汽車製造商來說，也是極具參考價值吧。

船舶天然氣引擎

根據日本國土交通省的報告顯示，日本的二氧化碳排放量中以運輸部門占 19.5％，其中 88％是來自汽車；內航海運與航空在運輸部門所占的比例，分別是 4.5％與 4.3％。此外，以全球整體來看，海上運輸所排放出來的二氧化碳約占 3％。

如今國際海上運輸也開始推動節能，使得造船業者基於環境考量加速開發「環保型船舶（Eco-Ship）」。

此外，根據聯合國國際海事組織（IMO）的規定，自二○一五年起，航行於北海、波羅的海等排放管制區域（Emission Control Area，ECA）內的船隻，其燃料中的含硫量不得超過 0.1％。這項措施使得船舶引擎燃料開始由柴油轉向天然氣。

其中三菱重工在二○一二年三月六日發布的新聞稿中提到，該公司已開發出國內首座以天然氣驅動船舶引擎的高壓燃氣供應裝置，而這第一台裝置將提供給三井造船公司，雙方已對此達成

協議。使用這項裝置，即可向引擎供應液化天然氣，與原來的重油燃料相比，可削減二氧化碳與硫氧化物類（SOx）、氮氧化物類（NOx）的排放量。

這項高壓燃氣供應裝置是利用幫浦高壓輸送液化天然氣，特點在於體積小、耗電量較少。透過油壓裝置驅動幫浦的方式，不必使用減速器即可輕鬆變速，提高了配置自由度。藉由這項裝置的組合運用，也能使低速的柴油引擎成為高效能的推進機具。

過去所使用的天然氣驅動船舶引擎，由於必須在船上（船內）存放零下160℃的液化天然氣，再將它燃燒當作供應燃料，技術上有許多須克服的難題，因此除了液化天然氣輸送船以外，其他船舶幾乎不會使用這種船舶引擎。

對此，川崎汽船公司在二〇一〇年著手成立液化天然氣燃料船研發團隊，結合擁有液化天然氣輸送船建造技術與開發出利用天然氣發電的「Green Gas Engine」的川崎重工，以及液化天然氣燃料船技術先驅的挪威船級協會（DNV），共同研發以液化天然氣為燃料、專門用來運送汽車的專用船舶。

現行的船舶幾乎都是採用以C重油為燃料的柴油引擎，如果將船舶引擎的燃料轉換為液化天然氣，引擎排氣中的二氧化碳量約可削減40％、氮氧化物類（NOx）削減80至90％，硫氧化物類（SOx）與煤塵（PM）則是可削減100％。

液化天然氣火箭引擎與天然氣製合成油噴射引擎

上一節提到的是海運，至於在日本的二氧化碳排放量所占比例與內航海運差不多的航空——在天空世界所使用的引擎燃料，情況又是如何呢？

關於「天空」，燃料的形態與引擎使用燃料的種類各式各樣，大致可分成兩類。一個是以液化天然氣為燃料的火箭引擎，另一個則是以天然氣製造的天然氣製合成油（Gas to Liquid，GTL）為燃料的飛機（噴射引擎）。

▶火箭用的液化天然氣引擎

二〇〇三年四月，日本的航空宇宙關係企業集團與宇宙航空研究開　機構（JAXA）、洛克希德馬丁公司（Lockheed Martin），官民共同開發中型的 GX 火箭。其中宇宙航空研究開　機構為達成世界上首次進行液化天然氣推進系統的實用研發，預定在負責建造的第二節火箭上，採用以 LNG ／ O$_2$ 為推進劑的國產引擎（液化天然氣推進系統）。

然而，當初是為了降低火箭升空費用而打造火箭，其開發成本卻大幅超出預定計畫，因此在二〇〇九年的行政刷新（惡名昭彰）會議上不再將開發計畫列入二〇一〇年度的預算中，同年底即宣布中止開發 GX 火箭。

因中止開發而損失 100 億日圓以上的石川島播磨重工

（IHI），後來再自行研發出性能更卓越的液化天然氣引擎。

在短時間內上升至高度 100 公里以上的高空、再降落到地面的宇宙觀光飛行，需要的是能在短期間內重新整備再次飛行的火箭引擎，但是目前尚未開發出合適的液態引擎。至於石川島播磨重工所研發出的液化天然氣引擎，已接獲海外的訂單，不過主要是採用最近相當熱門的彈道飛行方式，進行載人宇宙觀光旅行所使用的火箭引擎。

此外，現在美國主要的火箭推進器第二節所使用的引擎，是由普萊特和惠特尼洛克達因公司（Pratt & Whitney Rocketdyne Inc.）製造的，這具引擎在一九六〇年代開始研發，經過數次改良之後完成度已相當高。反過來說，當這具引擎發生故障，便沒有其他機具可供替代。石川島播磨重工在設計研發新引擎的出發點則截然不同，主要的定位就是強有力的替代引擎。

儘管火箭引擎的市場並不大，但絕對是充滿夢想的引擎技術。相信未來也有可能以液化天然氣（LNG）取代傳統的液態氫火箭燃料。

▶以天然氣製合成油為燃料的噴射引擎

GTL 是「Gas to Liquid」（天然氣製合成油）的簡稱，一般指的是從天然氣、伴生氣、煤層氣（Coalbed Methane Gas，CBM）、頁岩氣等以觸媒轉化成液體碳氫化合物的技術，或指製出來的成品。最具代表性的就是不含硫磺成分與精油成分的潔淨

燈油與輕油。

因此可以透過天然氣製合成油技術，以可採年數較原油長的乾淨天然氣為原料，製造出乾淨的液體碳氫化合物製品。

回溯至四年多前，法國的空中巴士公司（Airbus）在二○○八年二月發表了史上第一架使用天然氣製合成油燃料飛行的雙層巨無霸客機「A380」。這趟為時三小時的試飛過程是與卡達的天然氣製合成油聯盟（GTL Consortium）組織合作，也是空中巴士公司進行替代燃料研究計畫的一環。

選擇「A380」做實驗機的理由之一，是因為 A380 已具備絕佳的環境性能，再加上配備的四具引擎分別擁有分離的燃料儲槽，除了第一引擎使用的是天然氣製合成油與一般噴射燃料的混合燃料，其他引擎都可以使用一般的噴射燃料。

由於天然氣製合成油並不含有造成大氣污染的硫磺成分，因此是相當值得期待的飛機燃料。

空中巴士公司也定下了極高的標準，預計在二○二○年之前達到削減「30％能源消費量、50％二氧化碳排放量、50％溶劑排放量、50％廢棄物排放量、50％水消費量、80％排水量（每一項均是以二○○六年相比）」，二○○八年的飛行實驗，便是達成目標所需長期計畫中的一環。

此外，空中巴士公司預定在二○一五年交付的中小型民航機「A320neo」所搭載的新一代引擎「PW1100G-JM」，日本企業中的三菱重工、川崎重工、石川島播磨重工也都參與研究開發

（二〇一一年九月）。

　　再回到原先的話題，二〇一一年六月，在上述飛行實驗中所提供的天然氣製合成油燃料，據說是殼牌公司與卡達石油公司（QP）共同經營的天然氣製合成油工廠（GTL Plant）、「卡達珍珠」天然氣製合成油項目（Pearl GTL Plant）初次生產的製氣油（Gas Oil）。

　　「卡達珍珠」天然氣製合成油項目是該國國內最大的能源計畫案，預計在二〇一二年中之前進入全面生產體制，其中天然氣製合成油製品的日產量將可達到 14 萬桶。

　　事實上，在空中巴士公司進行 A380 飛行實驗時，曾經有段時期因為某些緣故，使得推動天然氣製合成油商業化用途時遭遇許多困難。然而，隨著頁岩氣進入商業化量產而使產量大增，目前可說是重新評估天然氣製合成油的大好時機。

燃料電池的停電對策

　　水經過電解之後，會產生氫（H_2）和氧（O_2）。以燃料電池來說，氧氣是由陰極進入燃料電池，氫氣則是由陽極進入，釋放出來的電子便會從陰極流向陽極而產生電流。氫（H_2）經過催化釋放出電子後會轉變為氫離子（H^+）向陽極移動，並與氧（O_2）反應再回復成水（H_2O），不過此時的水（H_2O）通常以氣體（水蒸氣）的形態排放出來。

　　燃料電池不同於一次電池（乾電池）或二次電池（充電池），

只要持續供應兩極氫（H_2）和氧（O_2），電池容量便能無限制地永遠通電。

　　燃料電池的發電方式會因為內部結構、材料（電解質種類）而分成好幾種，在此簡單說明一下將天然氣改質製造氫的利用方式。

　　為什麼天然氣（甲烷／CH_4）可以轉化為氫呢？燃料電池的燃料處理器模式如圖 4-2 所示，主要分成從天然氣取出氫的「燃料改質部」，以及除去一氧化碳（變成二氧化碳）的「CO 處理部」，接著再依照下列的反應得到氫（這種方式稱為水蒸氣改質法，是以 CH_4 為原料，利用 H_2O〔水蒸氣〕取得 H_2 的方法。也是一般在工業上最常用的 H_2 製造方法）。

　　①燃料改質部的燃料以 CH_4 為原料，為引起 H_2O（水蒸氣）的改質反應，利用燃燒器達到一定溫度並使化學反應保持穩定。

　　②一般，為了讓都市燃氣所供應的 CH_4 產生改質反應而供應 H_2O（水蒸氣），便會與 CH_4 混合產生改質反應，並從供應的 CH_4 和 H_2O，產生 H_2 和 CO_2、CO。

$$CH_4 + 2H_2O \rightarrow 4 H_2 + CO_2 \text{（約 10 至 15％）}$$

$$CH_4 + H_2O \rightarrow 3 H_2 + CO \text{（約 10 至 15％）}$$

　　③CO 改性部中，將燃料改質部所產生的 CO 加上 H_2O（水蒸氣），引起 CO 改性反應，產生 CO_2 和 H_2。

$$CO + H_2O \rightarrow H_2 + CO_2$$

圖 4-2　燃料電池的燃料改質部～ CO 處理部的構造

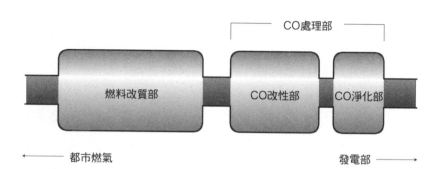

④ CO 淨化部中，將剩下的 CO 加上 O_2 加以氧化，轉換成 CO_2。

$$CO + 1 ／ 2 \cdot O_2 \rightarrow CO_2$$

燃料電池在實際運用上，大致分成汽車用與大樓、家庭用。大樓，家庭用燃料電池是以都市燃氣（CH_4）為燃料，並採用水蒸氣改質法製造氫（H_2），可活用在既有的都市燃氣供應設施中。這種方法只在需要的地方製造 H_2，不必貯存、搬運處理困難（難以液化、容易外洩、容易燃燒）的氫。

核電廠重啟問題至今仍不明朗，如今在擔心未來會發生電力不足與停電的情況下，燃料電池即可在停電對策與用電高峰期的節電方案中發揮作用。

以下以富士電機製造、常用於辦公大樓或醫院的 100kW 一般型燃料電池為例。

1 輸出功率由低到高期間發電效率高

低負載時的發電效率比定格時高,利用這項特性可在夜間電力負載下降時達到高效率發電。

2 可利用多樣化的燃料

除了都市燃氣以外,也可利用生物廢棄物所產生的生物氣[17]、副生燃氣[18]等。

3 環境性能優異

從改質前的燃料成分即可得知,排放出來的氣體乾淨且不會造成污染。產生的噪音、振動也遠比內燃機還低。

4 可整年連續運作

一年只須停機安檢一次,交換水處理樹脂過程中也能持續運作。

5 減少設置面積與簡化現地工程規模

以成套設備為主,可減少設置面積、簡化現地工程規模。接

---

17)生物氣:生物的排泄物、有機質肥料、生分解性物質、污泥、污水、垃圾、能源作物等進行發酵、嫌氣性(anaerobic)消化過程中所產生的氣體。CH_4 含有率達到 60%。

18)副生燃氣:煉鐵等產業在作業過程中,工廠裡所產生的工業氣體。除了 H_2、CO、CH_4 等可當作燃料的成分之外,也含有 N_2、CO_2。

續管線也以五根為基準，可節省工程費用。

6 周圍溫度條件範圍廣

在零下 20℃至 40℃之間的環境下皆可運作。

7 耐震性

利用振動測試機模擬新潟縣中越地震等級的地震波進行振動實驗，實驗結束後並無任何問題。

實際上在三一一福島核災之時，東日本的八座設備中，除了其中一座切斷燃料供應以外，其餘皆處在待機狀態，沒有因此停止運作。換言之，只要供應都市燃氣的液化石油氣（liquified petroleum gas，LPG）具備燃料切換的功能，就會自行運作繼續發電。

除了上述之外，燃料電池還有另一種特別的利用方法。

在海拔 3000 公尺的氧氣濃度之下，儘管可以呼吸，但是火會燃燒不起來。利用這項特性，可將發電部分的給排氣部分連接到資料處理中心或倉庫裡面，使內部呈低氧狀態，預防火災發生。這就是既可發電又能防火，一舉兩得的利用方式。

太陽能天然氣熱水器與空調系統

將太陽能發電系統運用在熱水與空調上，可大幅削減能源消費量，並且降低二氧化碳的排放量。

東京瓦斯公司（Tokyo Gas）在二〇一〇年二月推出了「新

建集合住宅專用 陽台設置式 太陽能熱水系統 SOLAMO」，
接著在同年九月開始銷售「獨棟住宅專用 太陽能熱水系統
SOLAMO」。

圖 4-3 是 該 公 司 業 務 用 太 陽 能 熱 水 系 統（ 業 務 用
「SOLAMO」）的概念圖。

以下根據該設備為各位解說太陽能熱水系統。

以一年熱水負荷達 47MWh 的餐飲業為例，如果安裝這套集
熱器面積 16 平方公尺的太陽能熱水系統，會比單純安裝一座熱
水器削減 19％的二氧化碳排放量以及一次能源消費量。

該套設備的特徵主要有以下四項。

1 集熱瓶容量最佳化

一般家庭用熱水器通常都集中在夜間使用熱水，至於業務
辦公大樓熱水器則是大多集中在白天需要熱水。若是依據實際的
熱水負荷數據安裝設備，家庭用太陽能熱水系統裡可採用小型
的 200L 集熱瓶，所需的集熱器最大面積則是 16 平方公尺。如果
白天時段需要熱水，小容量的集熱瓶內部也有最低限度的保溫作
用，不會浪費到集熱的能源。

2 施工容易的成套化設備

集熱瓶、控制裝置等一體化的「蓄熱組件」與集熱器、專用
遙控器組裝在一起的成套化設備，可使整體設備體積小型化，提
高施工效率。

圖 4-3　業務用太陽能熱水系統（業務用「SOLAMO」）概念圖

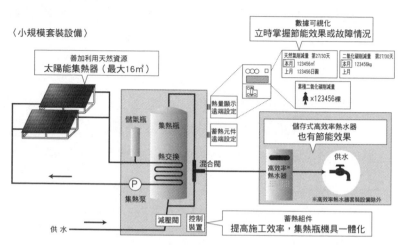

（出處）日本工業出版《配管技術 九月增刊號》。

3 可與既有的熱水器連結

　　蓄熱組件具有防止熱水與集熱瓶內的溫水混合而使溫度過高的功能，因此可連結既有的業務用熱水器或鍋爐。此外，與水混合的低溫溫水會流回熱水器，所以也能有效運用在潛熱回收型高效率熱水器。

4 節能效果可視化

　　採用太陽能電子螢幕顯示太陽量熱利用量、天然氣削減率、二氧化碳削減率。

　　礙於篇幅關係，在此省略詳細說明；但是有關通稱「SOLA

COOLING SYSTEM」的太陽能天然氣空調系統，東京瓦斯集團已在二○一○年六月開始銷售。這套「SOLA COOLING SYSTEM」系統是透過集熱器收集太陽熱，夏季可利用專為太陽能所開發的吸收冷溫水機「SOLA 吸收式冷溫水機」[19] 產生冷氣，冬季則是利用暖氣熱交換器產生暖氣。

舉例來說，如果在建築面積 4,000 平方公尺（三至四層建築）的事務所大樓安裝「SOLA COOLING SYSTEM」（集熱器總面積 240 平方公尺）設備，預估二氧化碳排放量會比一般（定頻冷氣 COP1.0）冷氣削減約 21％，一次能源消費量削減率則是約 24％。

以「天然氣＋太陽能」增加售電量的公寓

二○一一年五月二十七日的《日本經濟新聞》中，刊出了「首棟以『天然氣＋太陽能』增加售電量的公寓」的相關報導。同年七月起，也開始銷售能以每戶安裝的太陽能發電與天然氣熱水器機組增加「售電」量的公寓，為集合式公寓首見的形式（每戶均能以太陽能發電、售電的全電化大樓既已存在）。

東京電力七月份的 1kWh 電費目前約 24 日圓，售電（預定）

---

19) SOLA 吸收式冷溫水機：川重冷熱工業、三洋電機、日立家電（Hitachi Appliances, Inc）三家製造商與東京瓦斯、大阪瓦斯、東邦瓦斯三家瓦斯公司共同開發的天然氣吸收式冷溫水機，稱為「Natural chiller」。

價格則是 42 日圓。根據東京瓦斯的實驗，加熱 1 公升熱水的成本以天然氣較便宜。因此，能用天然氣代替的情況便用天然氣，太陽能發電所得的電力則全部用於「售電」，便會產生猶如利差交易的情形（這也是筆者反對以固定價格收購電力的其中一項原因）。

上述結果與不採用太陽能發電系統、而是以一般的瓦斯溫水冷暖房系統（TES）相比，該公寓的系統預估可讓一家三口一年節省 5 萬日圓的水電瓦斯費。

這套系統的最大功臣，是將太陽能發電所得的電氣從直流電轉換為交流電的電力調節器體積縮小，至於另一項重點，便是這棟公寓是建造於「第一種低層住居專用地區」內的低層（地上三層、地下一層）公寓，因此可善加利用每戶寬廣的屋頂面積。每戶的發電量為 1.29kW，所需的太陽能電池板設置面積則是屋頂空間的 52％。該公寓的開發業者表示，在七層樓的建築物採用這套系統效果也大致相同。

東邦瓦斯等公司早已推出各項搭配太陽能發電的「商品」，例如太陽能發電與高性能天然氣熱水器、天然氣發電溫水暖房系統、家庭用燃料電池等各種組合的「雙重發電」。

如今製造大廠相繼推出自家廠牌的天然氣發電機，二〇一二年五月二十三日，占東京電力公司 38％的銷售量中，家庭用電力設備便創下 91％的利潤（十家電力公司的銷售量比例相同，創下 69％的利潤）（二〇〇六至二〇一〇年度這五年間）。由此可知，

今後將會加速民眾脫離電力公司的束縛，改用天然氣發電。

工廠或獨棟住宅若是有心想要採用「雙重發電」系統，執行上並不是那麼困難。換做商業大樓或公寓，情況又是如何？

首先，商業大樓（業務部門）分為九大類，例如事務所與辦公大樓、百貨公司、批發零售業、餐飲業、學校、飯店與旅館、醫院、電影院與娛樂場所、其他服務業（福祉設施等）。像這類擁有一定建築面積的大樓，有義務依照消防法規設置緊急電力設備，其中的電力來源幾乎都是採用緊急柴油發電機。如果將這些設備換成常用天然氣發電機，或許可促進大幅節省電費（也就是電力自立）。

這裡所說的「常用天然氣發電機」，與「雙重發電」系統的天然氣發電機構造不同，但是假以時日，也許會出現性能更高的混合動力系統吧。當然，前提條件是須符合經濟效益，不過未來電費居高不下以及天然氣低價採購的情況下，研發出這種系統的可能性不小。

接下來談到的是住宅公寓。若是擁有整棟出租公寓，則依據所有者的情況而達到不同的經濟效益。如果是小規模的出租公寓，大部分所有者都會住在最頂層，因為整棟建築物的產權是自己的，所以也能獨占屋頂的空間。

但如果擁有的是集合式出租公寓，情況就沒有那麼單純。若是已有住戶入住，之後要在每一戶安裝系統設備就不容易。不過，趁大規模維修時引進系統設備，並且採用「雙重發電」供應共用

的電力，再出售剩餘電力的話，技術上並不是那麼困難。如果有充裕的維修預算，可以選擇先用預算引進設備，日後再調降管理費的方式。再者，遇到停電時，可將原本用來出售的電力轉為自行利用，多一層保障（需要事先準備液化石油氣）。

相信在不久的將來，辦公大樓或公寓管理員也必須身兼管理師（例如能源管理師）一職，管理設置在停車場一隅的天然氣發電設備或是屋頂上的太陽能發電設備。

4.3 因頁岩氣革命而擴大的藍海商機

逐步取得天然氣田權益與建設進口液化天然氣的基礎設施

二〇一二年五月五日晚上十一點過後，持續運轉到最後一刻的北海道電力公司泊（Tomari）核電廠三號機因為定期檢查而停機，日本國內的核電廠至此全部停止運作。這也是日本時隔四十二年（譯註：日本發展核電初期，曾在一九七〇年四月三十日至五月四日期間，因定期檢查為由停運所有核電廠，當時全國只有兩座商用核電機組）再次進入「無核」的特殊景況（二〇一二年六月底至今）。

另一方面，以綜合商社為主的各家能源公司泰半預想到會面臨這種情形，自去年（二〇一一年）起均積極採購天然氣。

　　筆者於執筆本書期間，正好新聞報導三井物產在非洲東南部的莫三比克海域成功探勘到蘊藏量世界最大的天然氣田（二〇一二年五月十六日）。根據開發計畫，預計在二〇一八年之前建設陸地的液化天然氣基地，且當初預估的年產量為 1,000 萬噸，其中一半以上輸送至日本。自從探勘到世界最大級的天然氣田後，生產規模即上修至年產量 5,000 萬噸。如果半數以上都運往日本，數量即高達二〇一一年整體進口量的 30％。

　　進入二〇一二年之後，感覺媒體開始大幅報導天然氣開發的相關新聞，以下列出 MSN 產經新聞（以及 SankeiBiz）中，有企業名稱在內的主要相關新聞（二〇一二年五月底至今）。

- 澳洲 Ichthys 液化天然氣開發事業與中部電力公司、東邦瓦斯公司正式簽約，七成天然氣輸出日本（2012.1.10）
- 三菱重工獲 100 億日圓訂單，打造世界首部海上液化天然氣設備專用發電系統（2012.1.11）
- INPEX 正式開發「太陽旗天然氣田」，澳洲 Ichthys 開發事業投資 1 兆 9000 億日圓（2012.1.14）
- 三菱商事與加拿大共同開發頁岩氣（2012.2.18）
- 三菱商事投資 242 億日圓，參與巴布亞紐幾內亞天然氣開發案（2012.2.23）
- 東京瓦斯公司獲邀設計越南液化天然氣接收站基地，同時考慮興建火力發電廠（2012.3.5）

- 三菱商事與加拿大合作生產液化天然氣，供應日本及亞洲
  （2012.4.12）
- 首次進口美國頁岩氣，三井物產與三菱商事達成基本共識
  （2012.4.18）
- 豐田通商取得加拿大天然氣權益，總事業費 500 億日圓
  （2012.4.20）
- 東京瓦斯與住友商事進口美國液化天然氣與液化頁岩氣
  （2012.4.27）
- 三井物產與三菱商事參與澳洲大規模液化天然氣開發案
  （2012.5.1）
- 三井物產探勘莫三比克的天然氣田，蘊藏量世界最大，可
  望穩定採購液化天然氣（2012.5.16）
- 中部電力公司參與開發澳洲天然氣田，可望穩定採購液化
  天然氣（2012.5.16）
- 東京電力公司與官方民間三家公司共同取得澳洲天然氣田
  的權益（2012.5.16）
- 川崎重工為澳洲 Ichthys 液化天然氣開發事業打造四座儲
  槽（2012.5.22）

　　如上所述，為求穩定的天然氣供應來源，各方面均逐步進行
許多開發案。但是為達到穩定供應的目標，出口方與進口方都需
要完善的液化天然氣基地，也需要建造運送液化天然氣的儲槽，

因此預計還需要數年時間才能達成。另一方面，美國如果正式將天然氣出口至日本，由於巴拿馬運河的擴建工程預計在二〇一四年中完工，過去主要輸送至大西洋各國的天然氣，屆時可能轉向能以更高價格購買的日本（或中國、韓國），運送至日本的天數可從四十五天縮減至二十二天。

延伸天然氣輸送管線的重要性

日本國內的天然氣輸送管線，新潟、福島以北主要有石油資源開發公司（JAPEX）；甲信越、關東一帶有國際石油開發帝石公司（INPEX）；愛知縣至九州北部則是由東邦瓦斯、大阪瓦斯、西部瓦斯鋪設，距離縱貫日本的目標還差得遠（圖 4-4）。

如第三章所提到的，相較於擁有完善天然氣管線輸送網的歐美及中亞各國，日本是以極高的價格進口天然氣。想要在價格談判上佔上風，穩定地以低價購進天然氣，便要在日本國內建立完善的天然氣輸送管線網，除了連結液化天然氣基地與消費地之外，最有效的做法就是連結俄羅斯的輸送管線。

除此之外，一旦以輸送管線連結庫頁島至東京、東京至福岡，應該也能期待從福岡延伸至首爾。這意味著什麼？相信值得進一步研究。

以國際情勢來說，目前正值天然氣田開發熱潮，國際能源總署也表示，二〇三五年以前，天然氣是唯一在全球能源結構中市占率增加的化石燃料。另一方面，輸送管線必須使用高強度且耐

圖 4-4 　日本國內的天然氣輸送網

──── 既有的輸送管線

┈┈┈┈ 計畫・建設中的輸送管線

北海道天然氣

國際石油開發帝石
股份有限公司
輸送管線

石油資源開發
股份有限公司
勇払・札幌線

國際石油開發帝石
股份有限公司
東京線／新東京線

西部天然氣
股份有限公司
輸送管線

石油資源開發
股份有限公司
新潟・仙台線

東京天然氣
股份有限公司
幹線網

大阪天然氣
股份有限公司
幹線網

靜岡天然氣
股份有限公司
駿河幹線

東邦天然氣
股份有限公司
幹線網

國際石油開發帝石股份有限公司
靜岡天然氣股份有限公司
東京天然氣股份有限公司
南富士幹線

（出處）參考日本石油天然氣和金屬礦產公司（JOGMEC）《JOGMEC NEWS（二〇〇六年十二月號）》

腐蝕的鋼管，日本製造業世界首屈一指的技術即可打造出符合條件的高品質鋼管，其中能達到穩定生產與供應的企業，僅限於新日本製鐵、JFE Steel、住友金屬工業、EURO J 等公司。

　　舉例來說，住友金屬工業製造的高鎳合金油井管，可在含有腐蝕金屬的高濃度二氧化碳或硫化氫（H_2S）等惡劣環境下使用，全球的市占率為 80%；JFE Steel 製造的耐腐蝕含鉻油井管在全球

的市占率為 40％。新日本製鐵所開發的「X120」，強度則是比一般輸送管線鋼管「X80」規格高出 1.5 倍。

隨著大規模深度開發油田、天然氣田的計畫案增加，亟需能耐更高溫高壓與耐腐蝕性的高性能無縫鋼管（Seamless Pipe），再加上天然氣田與消費地的距離（也就是輸送管線的長度）拉長，使得能夠有效運送天然氣的耐高壓、高強度鋼管的重要性大幅提升，這些因素都增加了日本善於製造尖端產品的優勢。

然而，日本同時受到歐元貶值與中韓勢力抬頭的影響。舉國際石油開發帝石公司（INPEX）在澳洲進行的液化天然氣開發事業「Ichthys」為例，新日本製鐵與住友金屬工業接獲了輸送管線鋼材的訂單，但是這兩家公司分別接到的數量只有 14 萬噸，剩下的 41 萬噸（相當於整體的 60％）則是由 EURO J 公司取得。不過，這兩家公司如果在今年十月合併組建，不僅「規模」擴大，再加上技術能力與顧客接待能力的「品質」，兩者相乘便能成為世界上極具競爭力的企業。

日本經濟產業省於今年（二〇一二年）一月十七日，首次召開了綜合資源能源調查會（經濟產業大臣的諮詢機構）的委員會議，正式研討天然氣基礎設施的整建問題。討論重點主要是建設與大都市連結的廣域輸送管線，以及在枯竭的天然氣田興建天然氣儲槽，期待天然氣與電力公司能透過聯合採購液化天然氣的方式降低進口價格，同時促進分散型電源的普及。委員會於初次會議中表示，「報告書將於五至六月份彙整，並且反映在今年夏

天的新能源策略上，冀望在二〇一三年的國會例會上訂立完整法案」。

天然氣發電廠的基礎設備輸出

上一節列舉了今年（二〇一二年）以來日本企業在海外開發天然氣田的相關新聞，比起天然氣田本身的開發案，興建火力發電廠等與天然氣相關的基礎設備輸出，似乎尚在起步階段。

擷取同一時期的新聞時，發現有關火力發電廠的新聞只有「住友商事與東京瓦斯分公司，於泰國考察電力、熱供應事業（2012.2.24）」「東京瓦斯公司獲邀設計越南液化天然氣接收站基地，同時考慮興建火力發電廠（2012.3.5）」。至於國內的新興事業，也只有「本田、矢崎總業，攜手合作開發液化天然氣發電系統事業（2012.4.27）」這一則而已。

提到基礎設備輸出，一般會聯想到核電廠、高速鐵路（新幹線）、水處理設施（淡水化設備、上下水道）、高速道路等建設工程。事實上，日本經濟產業省在「產業構造願景二〇一〇」中明定了十一項「基礎設施相關／系統輸出」的領域（表4-2）。

從表格可清楚得知，大部分都是與電力直接相關的項目，儘管也涵蓋了煤炭火力發電、送配電、核能、智慧電網、再生能源，但是其中並沒有包含天然氣的相關項目。

關於日本今後的能源政策，筆者認為「將以汽電共生與天然氣複循環為主流（3.5）」，因此，至少應該考慮將它列入第

表 4-2　產業構造願景 2010「基礎設施相關／系統輸出」11 項領域

1	水
2	燃煤火力發電
	煤炭氣化設備
3	送配電
4	核能
5	鐵路
6	資源回收
7	宇宙產業
8	智慧電網（Smart Grid）
	智慧型社區（Smart Community）
9	再生能源
10	情報通訊
11	都市開發、工業用地（industrial estate）

（出處）日本經濟產業省〈產業構造願景 2010〉（產業構造審議會產業競爭力部會報告書）二〇〇六年六月三日。

十二項。

　　根據二〇一二年四月六日的報導指出，經濟產業省在前一天召開的產業構造審議會分科會議中，首次論及強化鐵路與水事業等基礎設備輸出競爭力等問題。中間提到，日本企業之間攜手合作之外，也要與具備輸出至發展中國家等實際經驗的外國企業合作，檢討各項有利於增加訂單的方法。此次有關今後的發展課題，將於六月發表中間彙整結果，並於十一月完成報告書。

　　姑且不論經濟產業省的報告書內容如何，世界上能源效率最高的汽電共生與天然氣複循環系統，將在基礎建設輸出中扮演核

心角色。

　　舉例來說，可與美國的頁岩氣探勘創投企業組成極具競爭力的合作夥伴，同時推銷頁岩氣探勘與興建天然氣複循環發電廠基礎設施的配套業務。或者是廢棄物處理設施（或污水處理廠）搭配天然氣發電的生質能天然氣共生系統、以及垃圾處理設施與污水處理廠結合的複循環系統。這些都是有益於環境的基礎設施。

　　話說回來，東京都在越南進行的淨水廠建設也是如此，累積天然氣複循環發電廠的興建及營運經驗後，今後海外的自治團體或許會以東京都等自治團體為中心，直接洽談跨國合作事業。

　　利用高效率使用天然氣的天然氣複循環發電與燃料電池，搭配活用太陽光（熱）等自然能源，或者一手包辦配合環境對策的基礎設施建設──日本企業之間若是能攜手合作，應當能提供世界最高水準的技術輸出服務。

第 5 章

頁岩氣普及所引發的
外交與能源革命

5.1 日本當務之急為強化談判能力與降低採購成本

由於頁岩氣的供應量增加，使天然氣面臨國際交易價格低迷的壓力。

以美國為例，過去的天然氣市場有 20％是從卡達進口液化天然氣，但隨著國內頁岩氣產量大增，自給率也跟著提高，頓失美國市場的卡達液化天然氣只好轉向歐洲，卻得面臨降價的壓力，天然氣價格因此暴跌。

面對這樣的情勢，傳統天然氣出口國決定加強合作關係，擴大自己在國際間的影響力。於是，由十二個天然氣出口國組成的「世界天然氣出口國論壇（GECF）」（加盟國的天然氣蘊藏量總計占全體蘊藏量的 70％），在二〇一一年十一月召開首次的首腦會議中，一致認為須抬高停滯不前的天然氣價格。今後對於日本，相信也會提出漲價的要求。

如前所述，日本進口天然氣的價格幾乎多出歐洲一倍。日本的進口價格之所以如此高昂——液化處理與液化天然氣運輸船的費用，分別是 3 美元／百萬 BTU，所以加起來便是 6 美元／百萬 BTU，因為這筆額外費用使得進口價格比別人貴，這也是莫可奈何——是受到天然氣價格與石油價格連動的影響。「如果能長期穩定供應，與石油價格連動也無所謂」，或許當初是基於這層考量，但是隨著長期合約內容更新，數年後應該要能以便宜的價格

進口才行。

進入二〇一二年以後，對於進口價格的爭議更加熱絡，隨著投資對象多元化以及確保相關權益，增加了不少價格談判的籌碼。為了在談判上取得更多優勢，也必須投資頁岩氣等新的開發案。

預估世界天然氣出口國論壇的加盟國最近將會聯手抬高天然氣價格，不過天然氣本身屬於氣體，不同於液態的石油，輸送方式有其限制存在。以目前來說，90％是透過輸送管線輸送，僅有10％是以液化天然氣形式運送，也因此很難形成國際市場。儘管世界天然氣出口國論壇的影響力有限，仍然可能使漲價效應逐步發酵。

對日本而言，廢核行動方興未艾，因此目前只得提高天然氣火力發電的比例。當務之急便是取得加拿大與澳洲的天然氣田開發權益，或是透過聯合採購等多元化的採購模式，並且加強談判能力，對抗漲價的趨勢。

5.2 天然氣生產國的意圖

上一節提到了世界天然氣出口國論壇（GECF）的首腦會議，卡達總理哈馬德（Sheikh Hamad bin Khalifa Al-Thani）表示，「無法接受天然氣與原油（每單位熱量）價差擴大」、「卡達將透過世界天然氣出口國論壇，維護天然氣生產國的利益」。

下一節將說明世界天然氣出口國論壇加盟國的具體行動。

▶ 卡達

卡達是世界第一的液化天然氣出口國。自從一九九七年出口液化天然氣至日本以來，出口量成長順遂，及至二〇一〇年十二月，也完成了全球市占率超過四分之一的大規模液化天然氣生產設施。

三一一福島核災的發生，卡達的天然氣頓時成了「日本電力不足」的救星。當日本電力公司迫於無奈停止核電廠運作，為了提高火力發電廠的產能利用率，只得仰賴唯一有能力提供大量天然氣的卡達。於此同時，歐洲各國也掀起了廢核的風潮，使卡達在二〇一一年的液化天然氣出口額比二〇一〇年增加約40％，金額預估超過 300 億美元。

但是卡達也對天然氣價格始終比石油價格低廉表示不滿。尤其是近年來美國全力開採頁岩氣，不免令人擔憂天然氣價格會因為生產過剩而暴跌，如前所述，去年十一月十五日召開的首腦會議，即在卡達主導下通過決議：「天然氣價格應當與居高不下的石油價格連動」，同時達成共識，加盟國應協助抬高天然氣的價格。

可以說，卡達為了液化天然氣賭上國家的命運。

▶ 伊朗

天然氣蘊藏量高居全球第二位的伊朗，亟欲與其他天然氣出

口國合作尋求生路。

伊朗擁有波斯灣的「南帕爾斯（South Pars）天然氣田」。預估蘊藏量達 14 兆立方公尺（約 490 兆立方呎），為全球規模最大的天然氣田。但是將天然氣加工成液化天然氣的設施現場，依然處在荒廢狀態。

負責開發這片天然氣田的液化天然氣公司，原本預定在二〇一三年開始生產液化天然氣，並且計畫銷售到日本各國。但是因為持續研發核武的關係，使伊朗遭到歐美各國的經濟制裁。

要將天然氣輸送到遠方，便需要天然氣液化處理的加工技術，但是擁有技術的歐美企業卻相繼退出伊朗。面對無法如預期籌措到開發資金的窘境，該公司社長難掩焦躁，語重心長地表示：

「這項液化天然氣開發案需要資金。歐美各國根本不了解伊朗的天然氣資源有多重要。」

為突破僵局，該公司在二〇一一年十月，於首都德黑蘭舉辦首次國際會議，目的是向國內外展示伊朗天然氣開發案的前景，藉此吸引更多投資者。此次會議主要傳達的訊息便是：「東亞對天然氣的需求高漲，現在正是下決定的時刻。」

然而，面對遭受經濟制裁的伊朗，前往參與會議的外國企業除了中國以外，寥寥可數。結果顯而易見，伊朗並無法獨力扭轉情況。

該公司因此轉而冀望「世界天然氣出口國論壇（GECF）」，

若能與其他出口國加強合作關係，或許能得到生產液化天然氣所需的技術協助與投資。同時，伊朗也期盼世界天然氣出口國論壇能做出攸關伊朗利益的決定。

5.3　石油巨擘的動向與策略

不知道各位有沒有聽過《伊索寓言》裡的「貪心的狗」？

一隻狗叼著一大塊排骨肉，走過一座橋。

當牠不經意的往橋下看，發現河裡也有一隻叼著肉的狗。

站在橋上的狗兒盯著那隻狗，愈想愈不甘心：

「那傢伙嘴裡的肉看起來更大塊！」

「對了！我乾脆威脅那傢伙，把牠的肉搶過來！」

於是牠開始對著河裡的狗大聲狂吠：

「嗚嗚～汪！」

就在這時候，狗兒嘴裡叼著的肉「噗通！」一聲掉到河裡去了。

「啊！啊啊啊～」

河裡立刻出現一隻滿臉失望的狗兒。

——這就是因為貪心而蒙受損失的寓言故事。

現在的天然氣供應者，就像是《伊索寓言》裡貪心的狗一樣。

二〇一二年四月，國際石油刊物《Petroleum Argus LPG World》刊登了一篇報導。

「石油巨擘」視液化天然氣為今後長期成長戰略的發展重點。並且計畫將國際液化天然氣市場打造成七〇年代前半期的石油市場，目標在確立液化天然氣的獨占體制。往後各家大廠上游部門生產量的一半都是天然氣，「石油巨擘」將不復存在。

然而，石油巨擘如果將液化天然氣當作長期成長的關鍵，一方面又要與其他能源展開價格戰，尤其是在發電需求上必須與核能或石油直接對決，並且在這種情況下維持無可撼動的高水準，以長期成長戰略來說相當危險。

日本目前的天然氣長期購買合約的平均價格，約將近 17 美元／百萬 BTU，是歐洲天然氣價格的兩倍、美國的七倍，比中國的液化天然氣進口價格增加 30％，換算成原油即超過 100 美元／桶。

若是繼續維持這種價格水準，不僅無法擴展長期需求，也永遠不可能進入「天然氣黃金時代」吧。以目前的情形來說，自然難以期待政府內部積極研擬出的有關核能替代方案的政策性補助了。

液化天然氣價格以石油價格為基準，原本是來自七〇年代引進液化天然氣當作石油替代能源時定下的規則。但是現在發電用

與產業用的石油需求大幅下降，往後對於液化天然氣的需求，極有可能隨著廢熱發電等核能替代方案而大增。因此，這項規定的合理性幾乎不復存在，成了「應當廢除的陋習」。

如果能仿效日本自古以來優良的「商道」，由買賣雙方訂出彼此都能接受的價格，如此也有利於賣方自身的長期利益。然而，液化天然氣新開發案的成本愈來愈高，如果還以變動幅度極大的石油價格為基準，不免令人質疑究竟哪一點符合邏輯。

及至二〇〇〇年代中期左右，日本的液化天然氣進口價格為現在的三分之一，大約將近 5 美元／百萬 BTU。之後確實因為天然氣田的開發成本與液化設施成本大幅提升而漲價，但是從幾項客觀指標來看，上漲的幅度頂多兩倍而已。

以目前成本最高的新開發案來說，如果能得到總成本 10％的投資報酬率，也不到 10 美元／百萬 BTU。因此，對照過去的開發案，現在的價格簡直會讓人笑到合不攏嘴，像是「發了一筆橫財」。

另一方面，值得注意的是有關能源之間的競爭性、以及如何保有政策支援的合理性等實質問題。

德國的消費大戶為解決降價問題，即援引長期合約中的「事情變更原則」條例，向仲裁法庭提起訴訟要求俄國修改天然氣計價公式。此外，為了大幅降低採購成本，也積極涉足上游領域。

日本方面也應該多下工夫，要更加努力，並且勇於冒險。通常會步上「貪心的狗」後塵的是新興的液化天然氣賣方，日本應

當對此敬而遠之；目前日本最需要的，便是供應方與需要方彼此建立長期的雙贏關係。

5.4 沙烏地阿拉伯逐漸減少石油出口量

全球第二大產油國沙烏地阿拉伯，由於國內的石油消費量遽增而逐漸減少出口量。這項事實仍鮮為人知。

「以金磚五國（BRICS：巴西、俄羅斯、印度、中國、南非）為首的新興國家對石油的需求增加……」，這類報導時常可見，但是令人感到意外的是，石油需求增加量僅次於中國的就是沙烏地阿拉伯。

沙烏地阿拉伯是繼美、中、日、印、俄之後，世界排名第六的石油消費國。其中每人平均石油消費量約為美國的 1.6 倍、日本的 2.8 倍。

造成消費量大增的幾項原因中，一般認為最主要的是因為冷氣普及，大幅增加了夏季的電力需求。事實上，火力發電所需的石油消費量在這幾年來也增加了三倍之多。再加上耗費大量電力透過海水淡化設備淡化得來的水甚至是免費提供，以致浪費成性，使消費量與日俱增。

由於該國的消費量已高達生產量的四分之一，不得不著手減緩出口量。

根據沙烏地阿拉伯 Jadwa Investment 投資公司的報告顯示，

該國的原油出口量已從二〇〇五年的 750 萬桶／日逐漸減少，預估沙烏地阿拉伯的國內石油消費量在二〇三〇年將增加至 650 萬桶／日，出口量則降至 490 萬桶／日以下。假設二〇〇五年與二〇三〇年的原油生產量不變，出口量仍會低於生產量的二分之一以下。

實際上，這份報告書的製作者是採用國際能源總署所預測的原油生產量數值，因此認為：「不期待生產量會超出預期。」此外，國際能源總署也預測二〇三〇年的石油消費量將達到 360 萬桶／日，不過有的經濟學者預測會加倍。

英國皇家國際事務協會（RIIA）在二〇一一年十二月發表的報告中亦提到，「沙烏地阿拉伯將在二〇三八年成為石油進口國」，持同樣見解的智庫或投資公司也不只一個。

Jadwa Investment 投資公司更預測，沙烏地阿拉伯最快將在二〇一四年淪為財政赤字國。財政赤字化（危機）的原因，自然是來自原油價格上漲的壓力。之所以希望日本加快能源轉換至天然氣的速度，原因便是日本 30％的原油進口量即來自沙烏地阿拉伯。

同樣的情形，事實上早已發生在沙烏地阿拉伯以外的國家。印尼長期以來均出口石油至日本，但隨著人口增加與產業發展，使得石油的需求量增加，到了二〇〇四年便轉為純進口國。日本的石油火力發電廠為減少環境破壞，習慣使用印尼生產的低硫礦原油，因此發電用石油中約有一半是印尼生產的。

今年（二〇一二年）一月，印尼政府著手研議停止原油出口，表示「原則上以滿足國內需求為優先」，這一點即成了日本的頭痛問題。

話題再回到沙烏地阿拉伯，從日本與沙烏地阿拉伯之間的關係，或許可以想出化險為夷之法。

沙烏地阿拉伯計畫在十年後興建兩座核電廠，目標是在二〇三〇年以前達到十六座，希望藉由核能發電供應 20％的電力。

了解的人都知道，美國總統歐巴馬政府在三一一福島核災之前便積極向沙烏地阿拉伯推銷核能發電。沙烏地阿拉伯也與幾個主要國家簽訂有關核能的互助合作關係，例如二〇〇八年五月與美國的備忘錄、二〇一一年二月與法國的協議書、二〇一一年十一月與韓國的協議書、以及二〇一二年一月與中國的協議書。

海外諸國競爭激烈，日本對沙烏地阿拉伯的起步已太晚，光靠核能發電勢必難以勝出。但是搭配海水淡化設備、天然氣＋太陽能發電、垃圾處理設施與污水處理廠、廢水處理等技術輸出擴大競爭的範圍，或許可以增加勝算吧。若是進一步輸出整個智慧城鎮（Smart Town）呢？擴大計畫案的規模，藉此確保同等級的石油進口量，應該也是不錯的方式。

下一節所要談的也有關連，往後能與中東展開大規模商務合作的時間或許所剩無幾，再加上沙烏地阿拉伯即將面臨財政赤字化的困境，時間可能更為短暫，這一點請千萬不要忘記。

5.5　美國脫中東戰略的後果

美國對中東的能源依賴度漸低

觀察美國的動向，不難得知美國近年來極為重視亞洲，最近更是加快脫離歐洲的腳步。美國的做法可以說完全與日本過去的「脫亞入歐」政策相反，全力朝「離歐接亞」發展。

二〇一一年三月，原本與歐洲各國以軍事力量介入利比亞的美國，很快便將指揮權移交給北大西洋公約組織（NATO）。及至內戰結束，美國也表明將利比亞國內的權益轉讓給法國與英國（以及組成 NATO 的歐洲各國）。

此外，對於延宕多時的希臘財政危機，美國白宮發言人早在二〇一一年十二月即澄清：「希臘問題與美國國民無關」，並且否認以資金支援國際貨幣基金（IMF）援助希臘。

就在筆者執筆本章期間，五月三十一日晚間，紐約匯市歐元對日圓貶至十一年來新低（96.48 日圓）。甚至在次日，紐約匯市開張後不久便一路貶到 95.63 日圓。

《產經新聞》的早報在那兩天都刊登了有關美國的重要報導。其中一則的標題是「論說副委員長 • 高畑朝男『強國美國』的哀鳴」（二〇一二年六月一日）。

由於去年夏天成立的預算管理法所規定的「自動削減赤字機制」，使美國的國防預算大幅縮水，引發批評聲浪。整篇文章主

要提到了相關人士對於縮編國防費用與軍備、兵員規模的擔憂，以及「日本也無法置身事外」的論點。

事實上，美國自去年秋天即開始著手軍事改革，目前已進入強制削減該縮編部分的階段。至於削減的部分，便是歐洲與阿富汗。

另一項值得注意的重點是美國的財政收支。各報在二〇一二年四月均報導美國的財政收支轉虧為盈。這是自二〇〇八年九月以來，歐巴馬政府時隔三年七個月首次在單月出現財政黑字。四月是申報所得稅的最後期限，因此財政上容易出現黑字。美國的財政在金融危機之後始終維持赤字，但是今年的黑字金額竟然超出二〇一一年四月的赤字金額。主要的原因可歸結於增加稅收、裁減國防費用、控制社會保障費用等（關於赤字減少的理由，《朝日新聞》認為是削減國防費用，對照《產經新聞》則認為是控制社會保障費用所致）。至於筆者的觀點，或許是因為這幾年來石油進口量漸減的關係，使財政得以逐步恢復吧。

從美國的淨石油進口量的變遷即可得知，過去以二〇〇六年中期的 1,300 萬桶／日達到最高峰，到了二〇一二年則減少至 800 萬桶／日（原油及石油製品：進口 1,140 萬桶／日、出口 290 萬桶／日）。這是一九九六年以來的最低水準（圖 5-1）。

美國歐巴馬政府著手改善汽車燃料費並且透過價格政策控制消費的做法，確實減少了石油的需求。在供應方面，由於縝密地

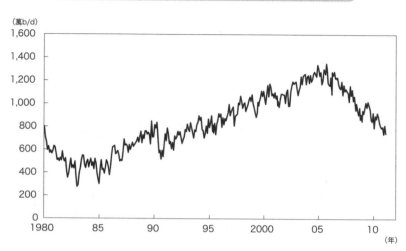

圖 5-1　美國的淨石油進口量（進口─出口）變遷

（單位）b／d＝桶／日。
（出處）美國能源部（DOE），月次資料。

層天然氣／頁岩氣與生質燃料的產量大增，也使石油的所需進口量明顯減少。這樣的結果，造成美國的石油對外依存度從二〇〇六年高峰時期的60％一路下滑，到了二〇一一年即降至45％以下（圖5-2）。

　　石油的純進口量減少，實際上是與石油製品出口增加、以及原油的進口減少同時進行。二〇〇五年以後，石油製品的出口量約從100萬桶／日遽增至300萬桶／日（圖5-3）。再者，美國原則上是禁止出口（容後再述）國內生產的原油，因此出口的是汽油、蒸餾油、焦油（Koks）、重油等製品，主要出口對象則是哥倫比亞、巴西等中南美各國。

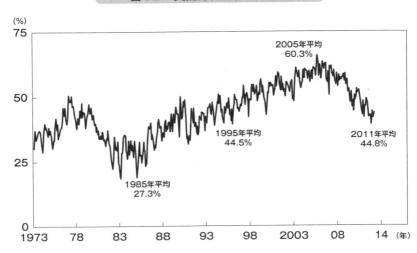

圖 5-2　美國的石油進口依賴度

（出處）美國能源部（DOE），月次資料。

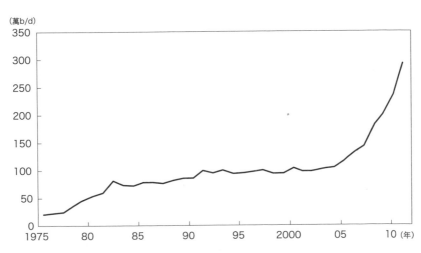

圖 5-3　美國的石油製品出口量變遷

（出處）美國能源部（DOE），月次資料。

　　那麼，美國又是減少了哪些國家的進口數量？答案是除了沙烏地阿拉伯以外的石油輸出國家組織（OPEC）。在石油輸出國家組織中，沙烏地阿拉伯幾乎是以平穩的數字微減。

　　美國的石油進口國順位如圖 5-4 所示，實際進口數量以來自鄰國加拿大為最多，另一個鄰國墨西哥排在第五位，伊拉克則是排在第七位。

　　另一方面，沙烏地阿拉伯最大的石油出口國之中，美國與日本幾乎不相上下。不過，出口至中國的數量預估過了十年以上還會遽增，如果美國的進口量持續漸減、日本也繼續維持現狀的話，

圖 5-4　美國的石油進口國與淨輸入量（依各國順位，2011 年）

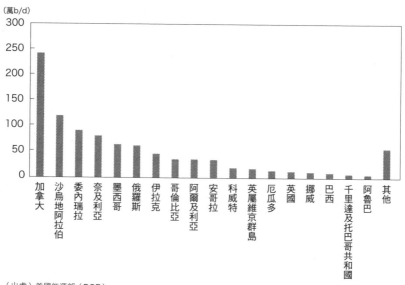

（出處）美國能源部（DOE）。

再過幾年中國很有可能成為沙烏地阿拉伯最大的石油出口國。

　　美國的石油依存度已從過去的 60％降至 45％，相反的，中國在未來幾年還會繼續保持 55％以上。

　　沙烏地阿拉伯的石油計價方式是以地區來畫分，由於出口至最大出口國美國的數量漸減，出口至中國的數量則是大增，因此沙烏地阿拉伯的出口策略會產生何種變化，相當令人期待。

美國政策與日本的能源安全保障

　　今年春天，石油研究權威、劍橋能源諮詢公司（IHS CERA）的主席丹尼爾・尤金（Daniel Yergin）接受日本經濟新聞社的採訪時（刊載於二〇一二年四月一日《日本經濟新聞》），面對記者的詢問：「北美全力開採頁岩氣與頁岩油、油砂（Oil sand），會對全球的能源供需帶來什麼樣的影響？」，丹尼爾・尤金提出了以下的看法：「今後將以全球規模重整石油的流動趨勢。未來十年內，石油的流動會由東（中東）往西（美國）減少，並且由北（加拿大）和南（巴西）往美國增加。由於加拿大的油砂與巴西深海油田的生產量大增，降低了美國對中東的石油依存度，因而增加中東對亞洲的出口。」

　　此外，針對「美國與中東的關係會因此產生何種變化？」這道提問，丹尼爾・尤金分析說：「中東在世界經濟局勢的地位依舊是舉足輕重，接下來在華盛頓與北京應該也會問到這個問題吧。美國過去是基於世界和平的考量而加強與中東之間的關係，

但是隨著石油的流動趨勢重整，往後中國與中東的關係會更加密切，確保海上航路（sea lane）的問題令人擔憂。儘管難以完全掌握十年後的局勢，不過我認為應該還是會採取新的方式，締結安全保障在內的策略關係。」

Diamond Online 的「World Voice Premium」也在二〇一二年五月刊載了丹尼爾·尤金的訪問。這篇訪談是以日本的核能話題為主，其中丹尼爾·尤金提到，三一一福島核災發生之前大力支持核能的德國總理梅克爾，在核災發生的週末立場大轉彎，決心在未來十年帶領德國走上廢核之路。丹尼爾·尤金表示：「德國是從俄羅斯進口天然氣，並從法國進口核能電力，今後會再加快海上風力發電的研發腳步吧。為了測試這一切是否可行，德國目前正展開了能源大實驗。」

進一步詳細說明丹尼爾·尤金的預測，也就是意味著歐亞大陸東、西方國家之間的關係會更緊密，南北美與東亞、大洋洲的環太平洋圈範圍會更加縮小。

說得極端一點，國際秩序結構可能因此重組翻新，由美國保護太平洋的航路，並由中國保護印度洋的航路（印度可能會心生不滿吧）。

舉例來說，二〇一二年四月，美、伊情勢緊張，美國海軍因此派遣核子動力航母「企業號」（USS Enterprise CVN-65）進駐波斯灣。然而，有位美國知名的投資家在紐約的討論會上毫不客

氣地說：「美國經過霍爾木茲海峽進口的原油不過只占 10 ％ 而已，有必要派航空母艦過去嗎？」此言一出，場內頓時鴉雀無聲。

如果遇到類似情形，日本該怎麼做？在中國海軍駐守的海洋上，還能維持以往的能源安全保障嗎？日本至今似乎還沒有「未雨綢繆」的覺悟。

美國減少石油的進口量，改變的不只是供需基本面而已，也為國際石油市場的權力平衡帶來巨大衝擊。

目前美國的貿易逆差泰半來自原油進口，根據美國能源部預測，美國的消費能源進口比例將從二〇一〇年的 22 ％ 降至二〇三五年的 13 ％。比例下降的主因，幾乎可以確定是因為頁岩氣與頁岩油在國內的產量增加，因而縮減了石油的進口數量。

話題再拉回到本節一開始所提到的另一則《產經新聞》報導。

報導中提到了最重要的部分：「原則上天然氣出口的對象，僅限於簽署自由貿易協定（FTA）的國家」。丹尼爾・尤金在接受日本經濟新聞社採訪時也提到：「（美國的液化天然氣）會出口一部分，但是要成為液化天然氣出口大國的可能性很低。」

換句話說，如果日本不參加跨太平洋夥伴協定（TPP），是否便無法從美國進口液化天然氣？但即使能進口，也有可能僅限於少量。關於跨太平洋夥伴協定，日美首腦於五月一日發表聯合聲明表示，「將繼續維持兩國同盟關係」，甚至也表明「非常樂意參加」。目前出口型企業與農業之間處於僵持局面，如果沙烏

地阿拉伯的石油出口量持續減少，美國也因為石油依存度降低而加快遠離中東的腳步，參加跨太平洋夥伴協定好壞與否的論點，便有可能圍繞在「要美國的液化天然氣還是國內的白米？」若是持續僵持不下，也必須考慮與加拿大、墨西哥、澳洲尋求合作的可能。

能源進口結構的重整，已是迫在眉睫。

5.6 日本今後的天然氣採購戰略，以及天然氣與石油、煤炭的發展再平衡

接下來將總結本章所言，將日本今後的天然氣採購戰略，以及天然氣與石油、煤炭發展再平衡的要點整理如下。

著眼於日本的新成長戰略（向海外發展基礎設施），期使經濟成長活絡，並且積極安排日本企業在大量日資進駐的新興國家拓展液化天然氣與天然氣基礎設施的整備事業。

此項對策可反映出新興國家在基礎設施整備、節能與減碳方面的需求，以及日本企業發展海外事業方面的能源需求。

▶ 發展海外市場

- 擴展天然氣的市場需求。

- 可帶動節能、環境商務與分散型能源系統、智慧型商務（Smart Business）成長的市場。
- 可支援日本企業拓展海外業務的市場。

▶ 石油

- 特定的輸送燃料與材料。發電成本低廉、安全性高的煤炭與天然氣為發電來源首選。

▶ 煤炭

- 及早發展淨煤技術。

▶ 東南亞國家協會（ASEAN，簡稱「東協」）的能源發展趨勢[20]──日本的市場

- 燃煤發電持續扮演主角，二〇三〇年達到境內 43％的占有率。
- 增加天然氣使用率，預估在二〇三〇年占全體的 37％。
- 重油（石油）急速減少，二〇四〇年為止占有率降到 2％以下。
- 再生能源中以水力與地熱大幅成長，風力、太陽能僅微幅增加。

20）參考東協暨東亞經濟研究機構（Economic Research Institute for ASEAN and East Asia，ERIA）的「ASEAN Power Generation Outlook」。

- 越南與泰國有意在二〇二〇年引進核能（但是三一一福島核災之後增添些許變數）。

附 論	開發頁岩氣須面對的 環境問題與對策

　　對頁岩氣開發業者來說，想要維持或擴大鑽井作業的關鍵，即在於了解水力壓裂技術與含水層污染之間的因果關係。理由是水力壓裂技術須使用大量的水，也須移動幫浦等設備。至於周邊環境方面，人口密集則是阻礙開發的最大因素。因此在環境對策上，最重要的是參考過去的經驗與知識技術。

附.1 頁岩氣開採技術（水力壓裂）對環境的影響

　　全球知名的能源諮詢公司、劍橋能源諮詢公司（IHS CERA）的主席丹尼爾・尤金在二〇一〇年所舉辦的世界能源會議（World Energy Congress）中，將頁岩氣開發定位為二十一世紀以來最大的能源革新／革命。如果沒有水平鑽井與水力壓裂這兩項技術革新，便無法實際開採出頁岩氣。當頁岩氣的開採不再是難事，同時也具有經濟效益，再加上天然氣供應來源鄰近市場，相對也會減輕政治上的風險。通常含有富甲烷氣（methane-rich gas）的天然氣資源，二氧化碳排放量會比煤炭或石油等其他化石燃料資源低，也因此使得頁岩氣的開發更具吸引力。德州農工大學（Texas A&M University，簡稱 TAMU）的 Stephen Holditch 教授表示：「未來二十年大量使用天然氣的結果，會提高人們對清潔能源（clean energy）的需求。」

　　另一方面，由於頁岩氣礦區接近住家及地下含水層，也引發

外界質疑水力壓裂技術會帶來環境污染的風險。

反對頁岩氣開採人士列舉出以下三項疑慮。

①使用大量淡水。

②水力壓裂技術將污染地下水或引發瓦斯外洩。

③反排水（Flowback Water，經過水力壓裂後回到地面上的水）帶來的環境污染。

NSI 科技公司的 Michael Smith 董事長也表示：「水力壓裂（Hydraulic Fracturing）通常是在含水層下方數千呎深的儲集層進行，所使用的化學物質成分也幾乎不會影響環境，外界的疑慮只不過是杞人憂天。」

要鑽一條能讓天然氣從地下數千公尺深的地底流到地表上的流路，從岩石力學與水理學的觀點來看，可能性微乎其微。如果井坑設計太過粗糙，在接近地表的井坑內出了問題，便有可能導致環境污染（圖附 -1）。姑且不論 Smith 董事長所言，若是井坑貫穿了地下的大斷層，並以高壓將反排水壓入地下，就有可能發生會影響斷層的微小地震。

水力壓裂技術所使用的高黏壓裂液是由水、砂狀物質（支撐劑）、化學物質所組成。就環境限制的觀點來看，要將乾淨的水源引進高黏壓裂液裡使用有其限制，因此將廢水經過處理再利用在壓裂液裡，是增加頁岩氣產量不可少的步驟。關於這一點，最重要的便是開發能快速將壓裂液壓入地層的「減磨劑（Friction

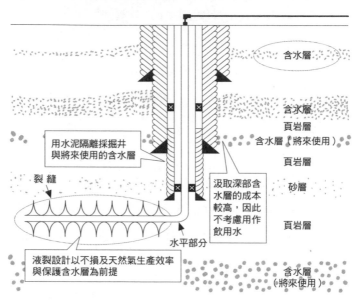

圖附 -1　開採頁岩氣對周圍環境的影響

含水層

含水層

頁岩層

用水泥隔離採掘井
與將來使用的含水層

含水層（將來使用）

頁岩層

裂　縫

汲取深部含
水層的成本
較高，因此
不考慮用作
飲用水

砂層

頁岩層

水平部分

液裂設計以不損及天然氣生產效率
與保護含水層為前提

含水層
（將來使用）

（出處）參考各項資料。

Reducer）」聚合物。同時也須配合使用防止壓裂液附著在地層的殺生物劑（Biocide）與防止水垢附著的防垢劑[21]。

　　進行天然氣探勘與生產作業時，原本就潛藏污染淺部的含水層與地表水源的風險。若是在乾旱時節進行作業，也不容易

21）防垢劑：水垢指的是氧化鐵或碳酸鈣等的溶解度降低而析出，進而附著在金屬表面的物體物質。大部分存在水中的化合物對水的溶解度較低，當濃度高於溶解度，就會形成水垢（或淤渣）。管路中一旦產生水垢，便會增加管路的摩擦力，降低電爐或熱交換器的熱效率，最後會阻塞管路。防垢劑在維持各種設備的效率與安全方面，扮演重要的角色。

確保鑽井與水力壓裂過程所需的用水。為了降低風險，必須遵守各項規定與檢查，並且與相關機構（美國環保署）、美國議會、產天然氣的州政府聯繫協調。唯有通過各項手續，才能開採頁岩裡的天然氣。話雖如此，仍然很難將污染淺部含水層與地表水源的風險降至零。事實上紐約州制定了暫緩開採新井的規定，期間從二〇一〇年八月至二〇一一年七月為止，後來又延緩到二〇一二年六月一日。

賓夕法尼亞州的環境保護局要求礦區必須公開井坑位置、周邊自治團體、天然氣的生產開發業者／工作人員等相關資訊（FracFocus.org），但是對於同一州的馬賽勒斯（Marcellus）頁岩氣礦區，特別規定「必須確實執行廢水與反排水的回收處理作業」。起因是賓州的環境保護局在二〇一一年四月中旬所發出的通知單：「賓州十五座水處理設施中止處理馬賽勒斯的廢水與反排水」。儘管礦區所使用的壓裂液有三分之二回收使用，賓夕法尼亞州仍然禁止將處理過的廢水任意排放至河川。頁岩氣開發業者便時常為了開發問題而與環保人士、政治家、土地所有權者展開論戰。馬賽勒斯頁岩礦區的天然氣開發業者中，藍吉資源公司（Range Resources）的廢水與反排水回收使用率便將近 100％。賓州環境保護局於四月中旬下達的通知，即促使業者落實廢水的回收使用。

匹茲堡的水處理業者 Kroff Oil Services 公司也出面說明100％回收反排水的實踐面與安全面。Kroff Oil Services 公司是

從二〇〇九年八月開始回收處理反排水，並且在二〇一〇年達到
96％的成功回收率。在反排水回收與廢水處理過程中，了解到壓
裂液不必總是使用乾淨的水。

　　儘管零星的外洩事件與地下水污染案例並不會直接影響到供
水系統，卻有可能因為水力壓裂技術的關係，降低社會大眾對頁
岩氣開發的接受程度。有關壓裂液的處理方式，頁岩氣開發推動
派與環保派之間攻防不斷。雖然化學物質成分須公開，但是公開
製法卻有可能抵觸企業商業秘密的保密義務。

　　另一方面，在非傳統天然氣的開發技術中，由於水力壓裂
作業需要大量的水與移動幫浦等設備，因此創造出許多工作機會
（賓夕法尼亞洲雇用增加人數：4萬8,000人）。美國國會也因
創造機會這一點而支持頁岩氣的開發。

　　有關上述輿論關注焦點，請看下列影片的介紹。

- 開發推動派的網頁：haynesvill（www.haynesvillemovie.
  com）、Gas Odyssey（www.gasodyssey.com）
- 環保派的網頁：Gasland（www.gaslandthemovie.com）、
  Split Estate（www.splitestate.com）

附.2 頁岩氣的排放裝置

▶儲集層的特性

屬於泥岩的一種，呈薄片狀，易剝落（粘板岩，像黑板一樣）。在數百呎層厚與數百萬英畝的廣大頁岩裡，只能在一小部分的沉積盆地中發現含有天然氣的儲集層。地溫上升時，頁岩中的有機物質會產生天然氣（水的滲透與細菌的存在也會產生生物氣）。由於儲集層裡有足夠的熱能，因此頁岩中的天然氣主要是乾性天然氣，其特徵是雜質含量極少（不必另外分解出液體成分）。換句話說，可定義為「殘留／吸收於石油生油岩有機物中的氣體」。

▶生產技術

水力壓裂與水平鑽井（九〇年代中期普及於全世界，適用於開採傳統型儲集層、煤炭層、緻密地層天然氣、頁岩氣）。例如巴奈特頁岩氣礦區，一九九九年僅有四座井坑，到了二〇〇四年底便遽增到七四四座井坑（據報告顯示，水平井的完井成本雖然是垂直井的兩倍，但是每座井坑的生產量與可採蘊藏量達到三倍）。其中以水平井的完井技術（多階段水力壓裂技術：Multistage Stimulation）進步幅度最大。

▶水力壓裂技術

為了支撐住水力壓裂所製造出來的半永久性裂縫，須將砂狀物質的支撐劑慢慢混入高黏壓裂液裡。注入裂縫中的支撐劑（砂）可支撐裂縫，防止裂縫完全封閉。裂縫須維持一定的長度與寬度，為了確保天然氣的流路，須仔細規畫支撐劑的分布與壓入的流體。大規模的頁岩氣層即使開採十年以上，也只會小幅降低儲集層的壓力。造成每座井坑壓力損失的不是儲集層的壓力下降，而是裂縫封閉。

實際外洩風險為零

只有在正式生產天然氣前數日，才會因為使用壓裂液而需要大量的水，其中 10 至 30％會回流到地表的地坑（圖附 -2）。這些水分裡雖然含有天然氣，但是從天然氣開始生產，一直到天然氣井功成身退為止的十幾年間，天然氣都不會外洩到大氣中。從地坑中回收天然氣的過程也十分容易，因此天然氣井的天然氣總生產量中，天然氣的外洩量實際上是等於零。

有關頁岩氣，曾經也有一份考察報告指出：「頁岩氣在生命週期內所產生的溫室效應氣體與煤炭相等甚至更多」（例如英國科學雜誌 *NATURE*，Vol.482，二〇一二年二月九日號），這項論點感覺上似乎並不了解從地下將石油與天然氣開採出來的技術（石油工程），但是對專攻石油工程的筆者來說，這項論點是難以理解的。等到水力壓裂技術已有六十年以上的實用歷史，同時

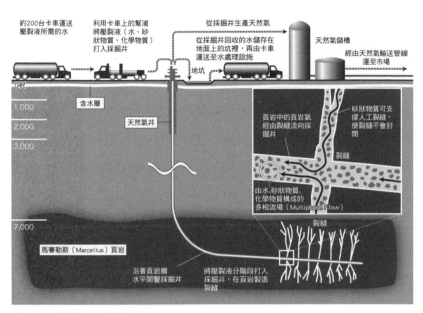

圖附 -2　頁岩氣與壓裂液在水力壓裂技術下的流向

（出處）參考美國環保署（Environmental Protection Agency，EPA）資料。

也沒有出現嚴重影響環境的報告，自然能夠證明這項論點是否正確。

附 .3　壓裂液的相關問題

　　本篇將以美國的公開資料為主，進一步探討水力壓裂液的成分、確保大量用水、環保派的疑慮事項以及廢水處理的現況與未來展望。

開發頁岩氣所使用的壓裂液成分

開採頁岩氣時，為了製造裂縫而以高壓注入井坑的流體，稱作壓裂液。壓裂液的主要成分是水，但是其中還添加了各種成分混合調製，而且所含的成分會因頁岩氣的開採區域或業者（開發業者、服務公司）而異。即使是在同一個區域，也會依照壓裂作業的階段而改變成分。一般來說，初期只會灌水洗淨坑內與地層，接著會用酸來溶解多餘的水泥或部分岩石，之後再添加潤滑劑進行地層壓裂，到了最後階段會添加砂狀物質的支撐劑，以上就是水力壓裂的步驟順序。

表附 -1 是壓裂液的成分與主要功用。可當作最後階段使用成分的參考。

如表附 -1 所示，壓裂液的主要成分是水。除了水以外，便是砂狀物質的支撐劑。支撐劑主要是用來支撐完成壓裂與加壓步驟所造成的人工裂縫，以防裂縫封閉。為了從地面將支撐劑毫無阻滯地輸送到裂縫處，除了使用凝結劑提高支撐劑濃度之外，也會添加幫助輸送的纖維狀物質（可在地層中經由熱分解而吸收的生分解性樹脂）。

顧及外洩的危險性，因此壓裂液的成分必須是無毒性或低毒性；除此之外，為了能夠順利注入，也要求減少摩擦；同時為了在輸送壓裂液時升壓容易以及防止滲水，也必須要有一定的粘度。

表附-1　壓裂液的成分與組成例

添加物種類	功用	組成例(1) 成分/藥劑名	Vol.%	組成例(2) 成分/藥劑名	Vol.%	組成例(3) 成分/藥劑名	Vol.%	組成例(4) 成分/藥劑名	Vol.%
主流體		水	99.51	水	90.6	水	94.62	水	93.07
支撐劑（Proppant）	支撐裂縫	挂砂	0.123	砂狀物質	8.96	砂狀物質	5.24	砂狀物質	6.85
酸	溶解水泥或礦物	鹽酸	0.001	鹽酸	0.11	鹽酸	0.03		
殺生物劑（Biocide）	防止細菌腐蝕	戊二醛（Glutaraldehyde）	0.001	不明	0.001	戊二醛（Glutaraldehyde）、乙醇、甲醇	0.05	MCB-8650 / Bioban	0.03
阻斷劑（Breaker）	阻斷連鎖反應（polymer chain）（降低黏性、保留支撐劑以及增加反排水（Flowback）量）	過硫酸銨（Ammonium persulfate）	0.01	不明	0.01				
抑制劑（inhibitor）	防止腐蝕	N,N-二甲基甲醯胺（N,N-Dimethylformamide）	0.002	不明	0.001				
架橋劑	溫度上升時維持黏性	硼酸（borate）	0.007	不明	0.01				
摩擦低減劑	降低摩擦損失	Poly-Acrylamide、礦物油	0.088	不明	0.08	Poly-Acrylamide	0.05	FRW-200	0.04
凝結劑（Gelling Agent）	提高支撐劑濃度	關華豆膠（Guar gum）、羥乙基纖維素（Hydroxyethylcellulose）	0.056	不明	0.05				
鐵調節（Iron-Regulatory）	防止金屬氧化物沉澱	檸檬酸（citric acid）	0.004	不明	0.004				
穩定劑	防止黏土溶脹	氯化鉀	0.05	不明	0.05				
脫氧劑	防止腐蝕	空硫酸氫銨（Ammonium bisulfite）	—	不明					
pH調整劑	抑制pH	碳酸鈉（sodium carbonate）或碳酸鉀（Potassium carbonate）	0.011	不明	0.01				
防垢劑	防止水垢附著	乙二醇（ethylene glycol）	0.043	不明	0.04	乙二醇（ethylene glycol）、酒精、氫氧化鈉（sodium hydroxide）	0.01	MX588-2	0.01
界面活性劑	增加黏性	異丙醇（isopropanol）	0.085	不明	0.08				
備註		以費耶特維爾（Fayetteville）礦區為例				以馬賽勒斯（Marcellus）礦區為例		以馬賽勒斯（Marcellus）礦區為例	

（出處）Modern Shales Gas：Development in the United States：A Primer, US DOE 報告，二〇〇九年四月。
　　　Energy in Depth（美國中小天然氣生產公司的團體）網頁（http://www.energyindepth.org/frac-fluid.pdf）。
　　　Hayes, T., Produced Water Research Project, RPSEA Unconventional Gas Conference 2010 發表資料。
　　　Hydraulic Fracturing, Range Resources, 二〇一〇年七月，該公司網頁
　　　（http://www.rangeresources.com/rangeresources/files/6f/ 6ff33c64-5acf-4270-95c7-9e991b963771.pdf）。
　　　Range Resources 的 Company Presentation, 二〇一一年二月，該公司網頁
　　　（http://www.rangeresources.com/rangeresources/files/9d/9d718f88-13ab-4b93-a486-7524534659 8e.pdf）。

　　由上述理由可知，壓裂液的成分除了水和砂以外，還包括凝結劑（可在地層中經由熱分解而吸收的物質）、防垢劑、可溶解部分岩石與水泥的酸、摩擦低減劑等化學藥劑。

　　業者通常會自行開發各種成分的壓裂液，原本是屬於水力壓裂技術方面的商業機密，但是最近頁岩氣開發反對派（環保派）擔憂壓裂液會造成環境污染，因此極力減少添加劑的種類，除了禁止使用有害物質之外，也積極呼籲公開組成成分。由美國中小型天然氣生產公司所組成的團體，在他們的「Energy in Depth」網站中發表了日常生活中各種化學藥劑的用途，例如「游泳池的消毒水」、「化妝品的添加物」等，其中壓裂液的添加物僅占整體的 0.49％，證明壓裂液安全無虞。

　　表附 -1 的成分、組成例所標示的（1）至（4）代表公開的年份順序。在二〇一〇年七月公開的「成分、組成例（3）」中，看得出來添加物的種類比以往大幅減少。「成分、組成例（4）」是二〇一一年二月所公開的，其中不包含「成分、組成例（3）」所使用的鹽酸。此外，淺層（低壓）頁岩層中也會使用混入氮氣等氣泡的壓裂液。至於地下深層的高壓頁岩層，使用的是低黏性的壓裂液（Slick-Water），其功用和摩擦低減劑一樣，目的是讓注入過程更順利。

使用壓裂液須確保大量用水

　　水力壓裂技術須使用大量的水，所以確保水源便是一項重

要課題。除了河水以外，例如巴奈特頁岩礦區的 Dallas ／ Fort Worth 開發案——是由機場的供水設備提供——有時也會使用消防用水。由於使用河水會受限於取水量，因此降水量較多的時期，會取水儲存在頁岩氣生產現場附近的蓄水池裡，以備進行水力壓裂時使用。此外，根據調查報告，有些案例是利用高爾夫球場的池水當作水源或是蓄水池。

如上所述，使用大量水資源也成了頁岩氣開發反對派的一項疑慮。為消除反對派的疑慮，以及兼顧珍惜水資源與確保水源，往後仍然會以回收使用水力壓裂後回流到地面的反排水為主。

然而，與其他產業（民生、各類產業、礦業、灌溉、家畜）使用的水量相比，巴奈特、費耶特維爾、海恩斯維爾、馬賽勒斯頁岩氣礦區進行水力壓裂所使用的水，僅占整體的 0.1 至 0.8％而已。

附.4　開發頁岩氣的廢水處理問題

廢水處理的方法

如上一節所提到的，由於使用的是河水或高爾夫球場裡的水，因為是一般的水，估計也不需要特別的前置處理。因此頁岩氣在開採過程中所需的水處理，只有排放到自然環境的反排水，

以及回收再利用時的廢水處理而已。

目前反排水的處理方式主要有以下四種。

①排放至河川、公共水面

②排放至工業用或公共廢水處理廠

③注入枯竭的油井、天然氣井（還原井）或含水層

④回收使用於水力壓裂

關於①與②，廢水處理過程須遵照州政府的規定，但是從頁岩氣開發反對派的行動來看，往後的規定將更加嚴格。

目前最常用的方法是③，不過有許多頁岩氣開發區域過去並沒有生產石油或天然氣，可供地下注入使用的還原井數量並不多，所以馬賽勒斯頁岩氣礦區採用的是注入含水層。但此舉引來環境保護團體強烈質疑，擔憂會影響飲用水的水源，因為這個緣故，擁有馬賽勒斯部分礦區的紐約州便在二〇一〇年底由議會通過開發凍結法案。

地下注入使用的還原井如果在地下貫穿到大規模的斷層，以高壓將反排水注入地下的過程中，就有可能發生會影響斷層的微小地震。因此在注入之前，必須先確定井坑附近有沒有斷層。未來在其他地區或者是美國以外，在相關規定方面會愈來愈嚴格，阻止開發的行動也有可能蔓延開來。

從以上的背景來看，最近最受矚目的方法是既能兼顧環境又能確保水源的④，目前已有部分礦區採用這種方式。主要的問

題在於成本，不過開發業者之一的德文能源公司（Devon Energy Corp.）表示，儘管回收利用反排水的成本比排放廢水稍微高一些，但是兩者間的差距正逐漸縮小。

壓裂液所使用的水，在天然氣正式生產之前有 10 至 30％會回流到地表。而運送壓裂液用水的卡車運輸費用也相當可觀，就這點來看，回收再利用反排水確實能節省水利壓裂的成本。自井坑回收的水可儲存在地表的地坑裡（圖附 -2），透過井口的簡易廢水處理設備，將廢水淨化至一定程度之後再循環使用，目前也已具體運用這項技術（Halliburton 公司的「CleanWave」水處理技術）。科羅拉多、北達科塔、路易西安納各州均使用搭載 CleanWave 設備的卡車，同時也會檢測空氣品質。

賓夕法尼亞州的廢水處理設備在處理完馬賽勒斯頁岩礦區的廢水與反排水時，應該會立刻降低回收利用壓裂液的經濟效益吧？由於賓夕法尼亞洲不允許將井坑廢水注入地下，只得以長距離運至賓州以外（俄亥俄州）。注入地下的費用是 1.5 至 2 美元／桶，但是卡車運輸行情則是 100 ＄／小時。

無法將井坑廢水儲存在地坑時，便會在井口將井坑廢水加以淨化處理（Vapor Recompression）。據說 Purestream Technology 公司收取的處理費用是 3.5 至 7.5 美元／桶。

此外，德州將廢水注入地下的處理成本低廉，因此壓裂液的回收使用率只有 5％（德州大學調查結果）。但是德州境內的鷹堡頁岩（Eagle Ford）開發熱潮將在乾旱地區使用大量水資源，

往後應該會更注重井口的廢水處理與回收使用吧。

反排水至壓裂液的再生廢水處理方法

關於水力壓裂回收使用反排水，以下三項為廢水的處理重點。

①降低鹽分濃度

②去除總懸浮固體（Total Suspended Solid，TSS）

③去除總溶解固體（Total Dissolved Solids，TDS）

進行①的目的，在於鹽分濃度會妨礙各種添加物的作用，也會在地底中產生地球化學反應析出固體，有可能會造成天然氣流路阻塞。

②是為了防止懸浮固體阻塞天然氣的流路，同時避免減弱摩擦低減劑的效用。

③是避免水垢附著在坑內及地層中造成岩石孔隙與天然氣流路阻塞。須除去的水垢生成物質也包括溶解於反排水中的天然放射性物質（Naturally Occurring Radioactive Material，NORM）。

此外，反排水會溶解出地下的放射性物質，並不是開採頁岩氣才會產生的問題，而溶解出的放射性物質強度也不至於影響到健康。但是回收使用反排水會使放射性物質的濃度上升，一旦超出水的溶解度，就會形成水垢而沉積，因此必須提高警覺，避免成為具有一定強度的輻射來源。

舉例來說，馬賽勒斯頁岩礦區的水質特徵為鹽分濃度高於

海水，並且含有鍶（Strontium）與鐳（radium）。以一天可處理
100 萬加侖（3,785m³）廢水的處理設備來說，處理過程中會產生
400 噸的廢棄物。反排水中的鋇（barium）含量為 3 至 17 ／公升，
因此最重要的是妥善處理鋇、鐵分、鍶、硫酸鹽以及水垢。

　　開發業者為達到最佳營運，無不尋求石油服務公司合作開
發，但是前提應該要徹底執行資訊透明化，並且與當地居民積極
溝通，才能繼續維持頁岩氣開採作業。

附.5　實際採用的反排水處理技術

　　目前已有部分礦區回收使用反排水，不過美國基於節省成本
原則，仍持續進行各項技術開發與實驗計畫。以頁岩氣生產公司
的既有技術與知識經驗為主的實驗，有 DTE Gas Resources 公司
的配合現場分析（On-site）[22] 分離與過濾的實驗，以及德文公司
在巴奈特頁岩礦區進行的同樣技術實驗。不過 DTE Gas Resources
公司得出的結論是不符合經濟效益。至於目前可行的反排水處理
技術，有蒸餾法、膜分離法、臭氧處理／膜分離法。

22）現場分析（On-site）：指的是擁有製油廠精製設備的地區，具體來說，便是擁
　　有最基本的常壓蒸餾設備，以及製造汽油所需的改質設備、接觸分解設備、燈油
　　輕油脫硫設備、重油脫硫設備等精製過程所需的一系列作業設備的地區。

蒸餾法

蒸餾法是目前最有效的反排水處理方式。以下針對 Fountain Quail Water Management 公司、GE Water & Process Technology 公司以及 Veolia Water Solutions & Technologies Oil & Gas 公司的技術加以說明。

除了上述幾家公司以外，以蒸餾法進行廢水處理的公司中，有 212 Resources 公司、Intevras 公司、Aquatech 公司與 Total Separation Solutions 公司，這種方法是石油、天然氣領域中最普遍的廢水處理方式。

根據文獻資料，反排水的主要處理法有逆浸透膜法與蒸餾法，鹽分濃度在 45,000ppm 範圍內均適用蒸餾法。德文公司利用蒸餾設備處理 2,500 桶／日（約 400m^3／日）的反排水，並且循環使用所回收的 2,000 桶／日（約 320m^3／日）淡水。此外，切薩皮克能源公司（Chesapeake Energy）預定在德州沃斯堡市（Fort Worth）的 Brentwood 興建四座蒸餾設備。

1 Fountain Quail Water Management公司

Fountain Quail Water Management 公司（以下簡稱 Fountain Quail 公司）是石油、天然氣領域工程服務公司 Aqua-Pure 的子公司，專營頁岩氣的反排水處理設備。自二〇〇四年起開始在巴奈特頁岩氣礦區以該公司設備處理反排水，及至二〇〇八年四月，累計處理量已達到 570 萬桶（約 91 萬 m^3），並且回收使用約

80％、相當於 450 萬桶（約 71.5 萬 m3）的水。Fountain Quail 公司在巴奈特頁岩氣礦區的反排水處理量約 760 至 950 m³／日，廢水回收率達到 80 至 85％。該公司的技術同樣運用在馬賽勒斯頁岩氣礦區（廢水回收率 75 至 80％）與費耶特維爾頁岩氣礦區（廢水回收率 95％）。

　　蒸餾法指的是將蒸發的蒸氣再壓縮，可分成利用蒸汽噴射[23]的熱壓縮（Thermal Vapor Recompression，TVR）以及使用壓縮機的機械壓縮（Mechanical Vapor Recompression，MVR），Fountain Quail 公司採用的是後者。

2 GE Water & Process Technology公司

　　二〇一一年起推出拖車搭載型蒸餾設備。推測與 Fountain Quail 公司同樣採用機械壓縮的方式。蒸餾能力為 50 加侖／分鐘（約 11.4 m³／時＝ 273 m³／日）。

3 Veolia Water Solutions & Technologies Oil & Gas公司

　　一如公司名稱，Veolia Water Solutions & Technologies Oil & Gas 公司（以下簡稱 Veolia 公司）是專門處理油田、天然氣田廢水的服務公司。該公司除了蒸餾法以外，也採用後面會提到的沉積、過濾、膜分離法等處理技術。

23）蒸汽噴射：不利用幫浦等機械驅動，而是採用高壓蒸汽的高速動能抽取低壓的流體（液體與氣體），藉此得到中壓蒸汽的設備。

Veolia 集團旗下的 HPD 公司研發的零排放蒸餾設備（Zero Liquid Discharge，ZLD），採用的是蒸汽噴射方式。Veolia 公司表示，這種設備適合用來處理含固體的廢水，主要特徵如下。

①有效去除氯化鈉（NaCl）、氯化鈣（CaCl）、重金屬

②使廢棄物呈蛋糕狀，可用來填海造陸：ZLD

③不需要經過前置處理，可節省設備費用與運轉費用

與 Fountain Quail 公司不同之處在於②，處理完畢的廢棄物不是濃縮水而是固體。目前這項技術試用於馬賽勒斯的反排水處理，預估廢水回收使用率可達到 95％。

逆浸透膜法

如前所述，逆浸透膜法與蒸餾法同樣是目前最主要的反排水處理方式。不過蒸餾法可接受的鹽分濃度為 45,000ppm 範圍內，逆浸透膜法則是 35,000ppm 以內。

使用逆浸透膜處理會遇到的問題，便是固體粒子容易造成阻塞，因此一般在處理之前會先經過化學上的前置處理作業。為防止阻塞，目前也考慮在膜上加一層特殊塗料。

1 Veolia公司

Veolia 公司除了前面所提到的蒸餾方式之外，也運用逆浸透膜的 OPUS（Optimized Pretreatment and Unique Separation）方式。

OPUS 方式是 Veolia 集團旗下的 N.A. Water Systems 公司所

研發的技術，透過這種方式去除廢水的氣體與游離油分，經過化學的軟化法（chemical softening）過濾金屬等懸浮固體，再以逆浸透膜處理。Veolia 公司表示，在高 pH 程序下運轉，可防止生物、有機物、固體形式的水垢，所需能源不多也是它的優點。

2 EnCana公司以逆浸透膜處理反排水

加拿大的中堅頁岩氣開發業者 EnCana 公司，在美國的巴奈特頁岩氣礦區使用逆浸透膜處理反排水。主要目的是去除反排水中的鹽類，處理能力高達 10,000 桶／日（約 1,590 m³／日）。但是可接受的鹽化物濃度限制在 20,000ppm 以內。採用的不是逆浸透膜方式，而是超濾（Ultra Filtration）[24] 方式。

3 其他技術

除了上述公司以外，還有 GeoPure 公司與 Ecosphere Technologies 公司採用逆浸透法技術處理反排水。

- GeoPure 公司：搭配使用超濾與逆浸透膜方式
- Ecosphere Technologies 公司：搭配使用臭氧處理與逆浸透膜方式

24）超濾：利用孔隙尺寸僅分子大小的高分子膜，過濾出比分子大的雜質。過去使用的是陶土板或火棉膠（collodion）膜、玻璃紙（cellophane）膜等半透膜，近年來則採用可過濾各種粒子大小的多孔性高分子膜。過濾的粒子大小為 1 奈米～ 1 微米。

化學處理

▌1 Veolia公司

　　Veolia 公司也研發了能以化學方式處理反排水的可搬運型 MULTIFLO 沉澱池設備。這套設備主要是透過化學處理去除水垢成分（Ca、Mg、Ba、Sr、Fe、Mn），並添加強鹼（alkali）或聚合物（polymer）進行沉澱、凝集與分離。由於可搬運，因此有 5,000 至 25,000 桶／日（約 795 至 4,000 m^3／日）四種容量可供選擇。二〇一〇年十一月起在馬賽勒斯頁岩氣開採作業中使用這套設備回收處理反排水。

▌2 Superior Well Services公司

　　Superior Well Services 公司是以去除形成水垢的二價陽離子方式有效處理反排水。該公司研發出下列處理流程，可回收接近新鮮水的壓裂液用水。

　　①調整適合沉澱二價陽離子與金屬的 pH 值

　　②以二價陽離子添加劑（Ba、Sr、Ca 等）使可溶性離子沉澱

　　③將 Fe^2+ 轉換為 Fe^3+ 去除沉澱

　　④視情況所需殺菌、消毒

　　⑤過濾殘留的固體

　　比較處理前後的水質，去除二價陽離子雖然能達到一定的效

果，但是還不至於到「效果絕佳」的地步。反排水處理能做到這種程度已經足夠，也許是因為回收使用反排水的廢水處理工作不需要做到高度處理那樣的精製過程吧。

　　該公司在研發這套處理方法的同時，也開發了增加鹽分濃度容許範圍的摩擦低減劑，並且在 Cabot Oil & Gas 公司開發的馬賽勒斯頁岩氣礦區中，只使用回收的反排水進行水力壓裂。

3 Ozone Technologies Group公司、Kerfoot Technologies公司

　　Ozone Technologies Group 公司是利用 Kerfoot Technologies 公司的 NANOZOX 處理程序研發反排水處理技術。Kerfoot Technologies 公司的 NANOZOX 處理程序，是利用過氧化氫將臭氧的微米、奈米氣泡分布在表面，藉此分解油質或有機化合物的技術。Ozone Technologies Group 公司即運用這項技術開發出處理容量達 10 萬至 100 萬加侖／日（約 385 至 3,800 m^3 ／日）的反排水處理設備。並有固定型與可搬運型等形式。

4 Process Plants Corporation（PPC）公司

　　PPC 公司採用的方式是將氧氣打入水中，藉此除去 95％的重金屬與化學物質，配合使用砂濾設備可去除 99.05％的總懸浮固體（Total Suspended Solid，TSS）。

電氣透析

瓦斯技術研究所（GTI）[25]正著手研發適用於回收使用反排水的處理技術，其中一項便是研發利用電氣透析法去除無機物質的技術。目前應該仍在室內實驗階段。

附.6 令人期待的日本首創化學反排水處理方式

附.5概略提到了一種化學處理方法，也就是添加強鹼或聚合物進行沉澱、凝集與分離（Veolia公司）。接下來所要介紹的方法是日本首創的技術，與Veolia公司的方式另有異曲同工之妙，是由大阪大學的宇山教授等人利用改良中的聚麩胺酸（Polyglutamic acid，PGA）進行凝集沉澱的方法。

凝集沉澱的廢水淨化法，是利用污水中含有的各種成分與凝集劑產生靜電相互作用，吸附形成沉澱物之後加以去除的方式。例如上水道所使用的聚氯化鋁（PAC）、十二烷基苯磺酸鈉（LAS），這些無法溶於水的物質會形成微粒子。如果將這些物質添加在取來的水中加以攪拌，肉眼看不到的微粒子雜質（主要

25）瓦斯技術研究所（Gas Technology Inst.，GTI）：以天然氣為主的新能源技術非營利研究開發機構，是由美國伊利諾工科大學內部的 The Institute of Gas Technology 與 GRI（Gas Research Institute）在二〇〇〇年合併而成的組織。

成分是帶電的無機物質）便會附著在一起，使微粒子慢慢變大，最後自然沉澱。接著再用砂濾過濾清澈的部分，精製之後便成了自來水。由於凝集速度緩慢，因此無法透過現場分析（on-site）的方式精製水。

另一方面，聚麩胺酸（PGA）的黏稠成分，可見於日本傳統大豆發酵食品中的「納豆」，以及韓國的「清麴醬」（청국장），是經過長期食用認證、安全性極高的機能性氨基酸高分子。聚麩胺酸是可食用、水溶性、負離子性的天然聚合物，具有生分解性。此外，相較於 Ca 與 Mg 等強鹼土類金屬離子或重金屬離子，聚麩胺酸擁有極高的螯合作用（chelate）。由於聚麩胺酸的多機能性、生分解性、無毒性、生體適合性，可運用在健康食品、增黏劑、骨質疏鬆症因子、食品安定化劑、化妝品保溼劑、廢水處理螯合劑，以及適用於環境、農業、生物醫學製品的親水凝膠、生分解性包裝材料、液晶顯示器、藥物制放系統（Drug Delivery System, DDS）、醫療用生體貼付劑等，用途十分廣泛。

日本的 Poly-Glu 公司看重聚麩胺酸的螯合作用，因此開發了主要用於淨化湖沼與河川的高分子凝集劑 PG α 21Ca，並已上市。這種凝集劑是以聚麩胺酸為架橋體，並添加鈣等礦物質，採用的技術在凝集劑領域中享有極高評價。它的特徵主要有以下六項（照片附 -1）。

①凝集劑本身以天然成分為主，不會危害環境

②使用後的藥劑幾乎不會殘留，安全性極高

照片附-1　PGα21Ca 凝集沉澱的過程

（出處）日本 Poly-Glu 有限公司。

　　③凝集效果高，因此只需使用少量

　　④凝集集合體 [26] 的含水量低，因此產生的廢棄物量極少

　　⑤添加凝集劑時的 pH 值變動極小

　　⑥具有高度凝集沉澱力，因此凝集沉澱所需的時間非常短（數分鐘），再加上會形成大塊的凝集集合體，所以沉澱所需的時間極為短暫 [27]

　　這種凝集劑不僅可以用來淨化池水或河川的污水，也適用於

26）凝集集合體：經由凝集作用形成的大顆粒子，指的是漂浮水中的浮游物集合體。

27）快速凝集的過程請參考以下影片：「Clean Water Solution Green Style Japan NHK ECO CHANNEL」（http://cgi4.nhk.or.jp/eco-channel/en/movie/play.cgi?movie=e_gsj_20110820_0231）

含礦物油的生活廢水以及含生物聚合物的食品工廠（製粉工廠）所排放的廢水。

換句話說，由於聚麩胺酸可應用在無機物質以外，因此可以考慮使用在幅圍廣泛的廢水處理上。至於其他用途，例如土木廢水、塗裝廢水、加油站廢水、火力發電廠廢水等均適用。最近也實際應用在水壩蓄水池的洗淨作業上。

若是在 AQUATEC SARAYA 公司所開發的小型水淨化設備（W850 x D1100 x H1700mm）中使用 PG α 21Ca 凝集劑，由於可從設備下方除去凝集集合體，因此運轉效率可達到極高（一天最多可處理十噸的水）。

儘管如此，PG α 21Ca 並不是萬能的。對於海水等氯化鈉含量多的污水，PG α 21Ca 的使用效果不佳。這是所有凝集劑應當克服的問題，除了利用與靜電的相互作用效果之外，凝集劑一旦與富含鈉的離子結合，便不再具有凝集作用。

目前世界上許多國家均面臨嚴重的水問題，例如孟加拉、中國、印度等世界人口密集度極高的地區，由於大量抽取地下水造成砷對自然環境的污染與破壞，甚至危害人體的健康。現在全球最大的砷中毒受害國就是孟加拉，該國四十多年來都是抽取地下水來灌溉，使得孟加拉除了都市以外，所有地區的飲用水與生活用水絕大多數都是仰賴汲取式的井水，形成棘手的社會問題。

大阪大學的宇山教授等人為了解決這項問題，著手開發了運

用 PGα21Ca 去除砷素的技術。遺憾的是，單憑 PGα21Ca 無法完全吸附砷，於是再嘗試混合使用安全、廉價的添加劑（鐵離子與漂白粉），完成了通過 WHO 的飲用水基準檢驗的砷素去除技術。由此可知，利用 PGα21Ca 的優點，搭配適當的添加劑，可解決各種污染物質。

三――福島核災之後所進行的福島核電廠清除輻射污染物質的作業，實質上最須除去的就是銫離子（Ce$^+$）。由於銫被歸類在強鹼金屬（與 Na 和 K 同系列），因此一般凝集劑的清除效果不佳。而美國過去曾在核能事故上利用沸石（zeolite）當作吸附劑，日本也積極投入開發去除銫的藥劑，並且研究指出，普魯士藍（Prussian blue）的性能極佳。但是普魯士藍的粉末非常細，添加在污水裡進行淨化作用時，由於沉降速度緩慢，實際上不可能單獨使用。另一方面，單獨使用 PGα21Ca 去除輻射物質銫的效果非常低，如果能混合使用沸石或普魯士藍粉末，即可輕易去除污水裡的輻射物質。

由以上可得知，PGα21Ca 應該也適用於回收使用反排水的處理作業。過程中所需的 PGα21Ca 量約為 100ppm（0.01％），也就是說，處理 1 噸的反排水需要 100g 左右（價格約在數十日圓至一百多日圓左右）的 PGα21Ca，使用量大約是一般上水道所使用的凝集劑好幾倍。除此之外，經實驗證明，用在海水也有一定的效果，但是所需的 PGα21Ca 量會隨著氯化鈉濃度而有極大差異，必須酌量增加添加劑。至於懸浮固體與水垢形成物，可

圖附 -3　關於反排水（Flowback Water）再利用的管理流程

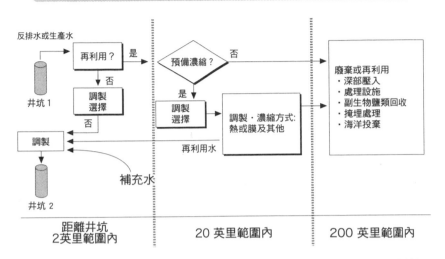

（出處）Hayes, T., Produced Water Research Project, RPSEA Unconventional Gas Conference 2010 發表資料，
二〇一〇年四月。

圖附 -4　總溶解固體在反排水中的經時變化

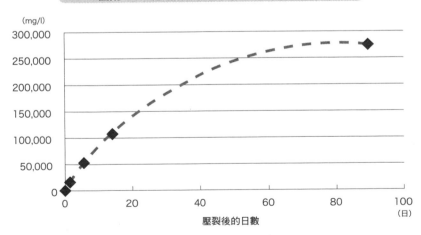

（出處）Hayes, T., Produced Water Research Project, RPSEA Unconventional Gas Conference 2010 發表資料，
二〇一〇年四月。

預期透過 PG α 21Ca 的凝集作用連同凝集集合體一併去除。因此，PG α 21Ca 除了應用在處理放射性物質以外，也能配合適當的添加劑，解決懸浮固體與水垢的問題。

附 .7　反排水的特性

關於回收使用反排水運用在壓裂液的管理流程如圖附 -3 所示。根據圖示，反排水不經過處理也能繼續用作下一次的壓裂液，但是如後面所提到的，反排水的性狀不一，會隨著時間而產生變化，這點必須要留意。

反排水性狀的經時變化如圖附 -4 所示。圖附 -4 是總溶解固體（Total Dissolved Solids , TDS）的變化歷程，橫軸則是進行壓裂後的日數。

反排水裡除了總溶解固體以外，還有氯、鋇、硫化物等各種成分，一般來說，這些成分都會隨時間經過而增加。

解說至此，如前面所提到的，要在節省成本的情況下確保頁岩氣開採過程中所需的大量水資源，實屬不易。為降低風險，也必須制定開採規範與檢查流程，以及與相關機構溝通協調。天然氣生產過程中，除了反排水可能造成的污染風險外，今後還必須努力克服各種問題，才能穩定開採頁岩生產天然氣。但願未來的頁岩氣開發均能兼顧安全性與環境調和。

結語 —— 天然氣是能源救星

　　有鑑於今後的核能發電廠極有可能長期處在停機狀態，要在符合經濟合理性的前提下，於日本國內實現大幅削減二氧化碳排放量的目標，便需要採取相關措施，進行燃料轉換、採用再生能源、擴大引進二氧化碳捕獲與封存（CCS）等技術。調查報告也顯示，核能發電設備量如果在二〇五〇年大幅縮減至目前的半數以下，不僅發電部門對於天然氣的依賴度遽增，天然氣在一次能源構成比所占的比例也會提高至 40％。

　　如本書所提到的，自從頁岩氣躍上能源舞台，「全球天然氣供給餘力」隨即大幅提升，一般均認為過去與原油價格連動的液化天然氣價格體系會因此產生變革。日本或許也會深受其惠，改變現行的長期購買合約。

　　思考今後的全球能源結構（Energy Mix）之際，須審慎評估開發能源對周遭環境的影響。尤其在面對人口增加、東日本大地震這類巨大災害以及廢核等課題時，確實拓展了天然氣的發展空間。由於天然氣的供給餘力在跨入二十一世紀後大量增加，在這樣的環境下，天然氣的供應鏈以及利用技術皆可望獲得充實與普及。

　　另一方面，如果將天然氣視為能源救星，並當作主要的能源

供給來源，除了需要完善的天然氣備蓄制度、強化海外天然氣的開發權益之外，確保天然氣穩定供應也極有可能成為能源政策上的重要課題——這是我身為石油與天然氣開發科學人員所深信不移的。

至於科學人員在政治行政方面或與媒體之間的關係，最重要的是建立互信機制，彼此互相尊重。不論是在緊急情況下或是平時的整備工作，都能不負國民對科學的信賴與期望，竭盡自己的職責。

本書主要談論的是天然氣，並列舉相關的能源政策，佐以科學上的評估指標，加深論述的精確度，藉此向政府與社會大眾傳達相關的基本觀念。

透過科學，可發現新能源並加以運用。如果要以科學促使國民在民主主義下達成明智的協議，必須時刻謹記，唯有在國民的認知架構中不斷累積經驗，才能在科學與社會之間構築健全的信賴關係。

參考文獻

第 1 章

- 伊原賢「シェールガスのインパクト」《石油・天然ガスレビュー》獨立行政法人 石油天然氣和金屬礦產公司（JOGMEC），二〇一〇年五月。
- 伊原賢「非在来型天然ガスの開発技術の動向—然ガス市場を激変させる開発技術の動向」JOGMEC 石油・天然ガス資源情報，二〇一一年四月。
- 伊原賢「水圧破砕技術の歴史とインパクト」《石油・天然ガスレビュー》JOGMEC，二〇一一年五月。
- 伊原賢「石油開を巡る環境の変化がもたらした非在来型資源の開発」《石油・天然ガスレビュー》JOGMEC，二〇一一年九月。

第 2 章

- 伊原賢「シェールガスのインパクト」《石油・天然ガスレビュー》獨立行政法人 石油天然氣和金屬礦產公司（JOGMEC），二〇一〇年五月。
- U.S. Energy Information Administration（EIA）"World Shale Gas Resources: An Initial Assessment of 14 Regions Outside the United States,"April 2011
- 伊原賢「世界のシェールガス資源量評価を考察する」JOGMEC 石油・天然ガス資源情報，二〇一一年五月。

第 3 章

- 伊原賢「シェールガスのインパクト」《石油・天然ガスレビュー》獨立行政法人 石油天然氣和金屬礦產公司（JOGMEC），二〇一〇年五月。
- 日本エネルギー学会天然ガス部会　輸送・貯蔵分科会編《天然ガスパイ

プラインのすすめ》日本工業出版，二〇一一年四月。

- 石井彰「3・11後の天然ガス」《石油・天然ガスレビュー》JOGMEC，
  二〇一二年五月。

第4章

- 伊原賢「シェールガスのインパクト」《石油・天然ガスレビュー》獨立
  行政法人 石油天然氣和金屬礦產公司（JOGMEC），二〇一〇年五月。
- 日本エネルギー学会天然ガス部会　輸送・貯蔵分科会編《天然ガスパイ
  プラインのすすめ》日本工業出版，二〇一一年四月。
- 「GTL 実証研究の最近の動向と今後の展望」JOGMEC 電子報，二〇一一
  年五月三十一日。
- IEA, *World Energy Outlook 2011*, 2011.6。
- *BP Statistical Review of World Energy*, June 2011（「BP 統計 2011」）。
- 《配管技術９月増刊号：天然ガス　サプライチェーンと利用技術》日本
  工業出版，二〇一一年九月十五日。
- NHK 総合テレビ 視点・論点「天然ガス埋蔵量の急増」二〇一一年九月
  二十日 伊原賢。
- NHK 総合テレビ 視点・論点「天然ガスの有効利用と可能性」二〇一二年
  五月二十四日 伊原賢。
- 東京ガス網頁（http://www.tokyo-gas.co.jp/）

第5章

- 「シェールガス革命後の『石油地図』——ヤーギン氏に聞く　資源の流れ
  転換期　米、エネ自給率高める　中国、中東と関係深化」《日本經濟新聞》
  二〇一二年四月一日早報。
- 「ニーズある限りエネルギーのイノベーションは続く　世界が注視す
  るフクシマ以降の日本のエネルギー政策——エネルギー問題の世界権

威、ダニエル・ヤーギン博士に聞く」DIAMOD Online（http://diamond.jp/articles/-/18516）。

附論

- 伊原賢「シェールガスのインパクト」《石油・天然ガスレビュー》獨立行政法人 石油天然氣和金屬礦產公司（JOGMEC），二〇一〇年五月。
- 伊原賢「坑井仕上げの進化──シェールガス開発技術のタイトオイル開発への適用」JOGMEC 石油・天然ガス資源情報，二〇一一年一月十四日。
- 二〇一一年三月。
- 伊原賢「水圧破砕技術の歴史とインパクト」《石油・天然ガスレビュー》JOGMEC，二〇一一年五月。
- 伊原賢「シェールガス──安定生産に欠かせない環境リスク克服への技術的考察」JOGMEC 石油・天然ガス資源情報，二〇一一年六月十七日。

國家圖書館出版品預行編目資料

石油之後，主導人類未來100年命運的能源新霸主：頁
岩氣 / 伊原賢著；莊雅琇譯. -- 一版. -- 臺北市：臉譜，城
邦文化出版：家庭傳媒城邦分公司發行, 2013.06
　　面；　公分. -- (企畫叢書；FP2251)
譯自：シェールガス革命とは何か ： エネルギー救世
主が未来を変える
ISBN 978-986-235-256-4 (平裝)
1.天然氣
457.8　　　　　　　　　　　　　　　　　　102008524

企畫叢書 FP2251

石油之後，主導人類未來100年命運的能源新霸主：頁岩氣
取代核能◎解決油荒◎促使全球經濟實力大洗牌

シェールガス革命とは何か — エネルギー救世主が未来を変える

原著作者　伊原賢（Masaru Ihara）
譯　　　者　莊雅琇
編輯總監　劉麗真
主　　　編　陳逸瑛
編　　　輯　賴昱廷
排　　　版　漾格科技股份有限公司
發 行 人　涂玉雲
出　　　版　臉譜出版
　　　　　　城邦文化事業股份有限公司
　　　　　　台北市中山區民生東路二段141號5樓
　　　　　　電話：886-2-25007696 傳真：886-2-25001592
發　　　行　英屬蓋曼群島商家庭傳媒股份有限公司城邦分公司
　　　　　　台北市中山區民生東路二段141號11樓
　　　　　　客服服務專線：886-2-25007718；2500-7719
　　　　　　24小時傳真專線：886-2-25001990；25001991
　　　　　　服務時間：週一至週五上午09:30-12:00；下午13:30-17:00
　　　　　　劃撥帳號：19863813；戶名：書虫股份有限公司
　　　　　　城邦花園網址：http://www.cite.com.tw
　　　　　　讀者服務信箱：service@readingclub.com.tw
香港發行所　城邦（香港）出版集團有限公司
　　　　　　香港灣仔駱克道193號東超商業中心1樓
　　　　　　電話：（852）2508-6231 傳真：（852）2578-9337
　　　　　　E-mail：hkcite@biznetvigator.com
馬新發行所　城邦（馬新）出版集團
　　　　　　【Cite（M）Sdn.Bhd.（458372U）】
　　　　　　41, Jalan Radin Anum, Bandar Baru Sri Petaling,
　　　　　　57000 Kuala Lumpur, Malaysia.
　　　　　　電話：（603）9057-8822 傳真：（603）9057-6622
　　　　　　E-mail：citecite@streamyx.com
一版一刷　2013年06月18日

售價：320元